Read Me First

你的后半生指南

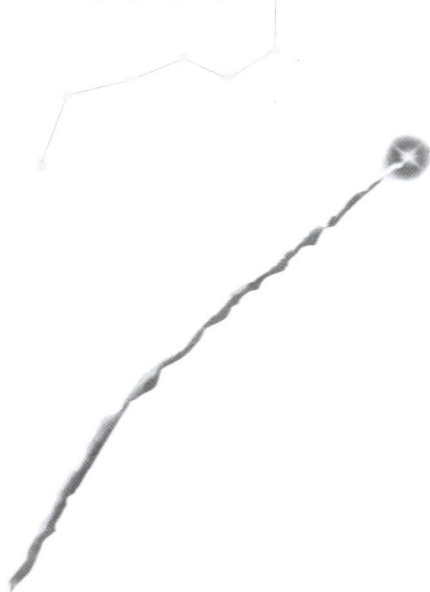

〔澳〕丽萨·斯蒂芬森 —————— 著

姬琨 ———— 译

地震出版社
Seismological Press

图书在版编目（CIP）数据

你的后半生指南 / (澳) 丽萨·斯蒂芬森著；姬琨
译 . -- 北京：地震出版社，2020.12
　ISBN 978-7-5028-5173-6

　Ⅰ.①你… Ⅱ.①丽… ②姬… Ⅲ.①人生哲学—通
俗读物 Ⅳ.① B821-49

中国版本图书馆 CIP 数据核字（2020）第 002154 号

Lisa Stephenson Read Me First
ISBN978-0-6482387-6-8
Copyright © Lisa Stephenson 2018
All rights reserved.
First published in the English language by Major Street Publishing Pty Ltd.
Simplified Chinese rights arranged with Major Street Publishing through R&T Publishing
Co.Pty Ltd.and Seismological Press.
由 Major Street Publishing 首次以英文出版。R&T 出版有限公司、Major Street Publishing
与地震出版社共同拥有简体中文版版权。

著作权合同登记　图字：01-2020-5427
地震版　XM4537/B（5892）

你的后半生指南

［澳］丽萨·斯蒂芬森　著

姬琨　译

责任编辑：李肖寅
责任校对：王亚明

出版发行：**地震出版社**
　　　　　北京市海淀区民族大学南路 9 号　　　邮编：100081
　　　　　发行部：68423031　68467993　　　传真：88421706
　　　　　门市部：68467991　　　　　　　　传真：68467991
　　　　　总编室：68462709　68423029　　　传真：68455221
　　　　　证券图书事业部：68426052　　68470332
　　　　　http：//seismologicalpress.com
　　　　　E-mail：zqbj68426052@ 163.com
经销：全国各地新华书店
印刷：北京柯蓝博泰印务有限公司

版（印）次：2020 年 12 月第一版　2020 年 12 月第一次印刷
开本：880×1230　1/32
字数：162 千字
印张：7
书号：ISBN 978-7-5028-5173-6
定价：42.00 元

版权所有　翻印必究
（图书出现印装问题，本社负责调换）

关于丽萨·斯蒂芬森及有关《你的后半生指南》的评论

在职业生涯中，你或许会结识一些杰出人士，他们天赋异禀，在各自的领域大放异彩。丽萨正是其中之一，她平易近人、乐于助人的风格，始终贯穿于极具颠覆性的个人与职业成长模式中。这一模式为塑造强有力的领导者设立了标准。

——朱铎数字银行联合首席执行官　大卫·霍纳利

我从澳大利亚橄榄球联赛退役后，一度困惑不安。通过阅读丽萨的书，以及和她一次次地面谈，我重拾信念和自信，内心豁然开朗，不再恐惧未来。你的阅读体验，以及丽萨让你正视的问题，也许显得有些直接，但这绝对是前行路上的必要条件。丽萨拥有独特的理解力，她明白你重视的事物，懂得你快乐的根源；她具有独特的幽默感，诙谐的灵光在书中时刻闪现。丽萨指出问题时一针见血，帮你理解成功的真正含义。

这本书将挑战你关于自己的所有认知。来体验这一历程，独立完成冒险吧！丽萨曾这样对我说，我也是这样做的。享受阅读，享受阅读的回馈吧！

——体育节目播音主持人、解说员，前澳大利亚橄榄球联赛运动员　尼克·达尔·桑托

我有幸通过丽萨出色的工作认识她，现在我把她当成至交。近几年，我见证了丽萨指导个人和小组课程的影响力，也曾目睹她为大型团体做主旨演讲。每次互动中，她的热情、幽默和真诚的付出，帮助每一个人成为最好的自己。读这本书时，我仿佛与她面对面，接受一对一私人指导。《你的后半生指南》提出了深刻的问题，拥有奇妙的乐趣，可让你感受到真正的关爱与支持。她的个人经历让我们领悟到如何在个人和专业层面创造成功与幸福。丽萨堪称完美，像我认识的许多人一样，我也是丽萨的忠实粉丝。

——鞋类设计师　娜塔莉·托马斯

我爱丽萨·斯蒂芬森的书！这本诙谐幽默的书里有她的人生故事和身为导师的经历。她鼓励我们做到最好，助人一臂之力，战胜生命中的挑战。在最近举办的澳大利亚女性金融高管

组织会议上，丽萨担任了四次主题演讲嘉宾，并被连续评为优秀演讲者。她极具悟性，在会场上具有超凡的魅力。讲述引人共鸣的故事，利用自己的指导找出解决方案，提出发人深省的问题，这些都是她的强项。如果有人想知道如何开始人生的下一段旅程，我强烈建议他阅读《你的后半生指南》，换个角度看问题，问问你是谁，要到哪里去。简单有益的阅读会让你反省、深思，并有意识地渴望创造生命的新篇章。

——澳大利亚女性金融高管组织首席执行官、创始人　朱迪思·贝克

丽萨·斯蒂芬森是当之无愧的个人品牌创立专家，她以毕生的经验与二十载的指导智慧（穿插各种出其不意的幽默）为基础，探索人生的终极问题。当你困惑于"我是谁？"时，丽萨轻轻地握住你的手，引导你穿过发人深省又时而令人惶恐的迷宫，走向最本真的自我。她善于在最佳的时刻向你抛出最佳的问题，火候十分精准，这就是她有口皆碑的秘密武器。书中，丽萨慷慨地分享通常不予公开的独门秘籍，展示大量真知灼见，提供丰富的实用方法。亲爱的读者，我的建议是：拿起这本书，尽情品味吧！聆听她的故事，听从她的建议，最重要的是，将建议付诸行动。在我看来，这些内容行之有效。

——心理学家、丽萨的忠实书迷　梅兰妮·席林

过去七年，我有幸体验了丽萨的工作成果。其实，你并不会觉得这是工作，因为这是丽萨爱的付出。丽萨具有独特的沟通能力，善于提问并启发人们思考从前未曾考虑的问题。她的方法融合了本能与直觉，因时制宜、因人而异；她擅长在最佳时机激发个体最大的潜能。我亲身体验了她的"鼓励"并受益匪浅——这段经历切实有效地帮助我成长为一位领导者。

这本书精彩地呈现了她为客户创造的体验，它充满温暖、发人深思，鼓励读者对自己的成功负责。我亲身经历了丽萨带来的蜕变，怀着诚意邀请你品读《你的后半生指南》。因为我知道，如果你敞开心扉勇敢地踏入这一旅程，定会有极大收获。

作为一家澳大利亚企业的管理层成员，我在领导"深度自我发掘"方面进行了大量投入。我时常思考，如果所有的领导者都如此投入，世界会怎样？做真实的你能够释放多大的能量？我相信丽萨的方法会带领你思考，请尽情享受阅读之旅吧！

——澳大利亚国民银行公司业务部执行总经理　辛迪·巴奇勒

作者能够从生理、心理、情感、行为及社会学层面探索并诠释复杂而晦涩的"自我管理"主题，避免使读者感到困惑或无聊，这是一种难能可贵的天赋。我称之为"丽萨式"天赋，你可以随意命名。总之，丽萨·斯蒂芬森的作品既与读者分享了她对生活的建议，又妙趣横生、切实有效。

——作家、演说家、媒体节目主持人　克雷格·哈珀

丽萨·斯蒂芬森拥有独特的热情、睿智与同理心，这样的融合使她成为一位不可多得的导师兼领导者。她的工作就是分享智慧，帮助他人更好地生活、更出色地领导。在这本书中，她总结了其毕生成就中的精华。

——"妈妈咪呀"妇女网络联合创始人、内容总监　米娅·弗里德曼

我爱读这本书！这是一本直截了当、无比真实的生活手册，它唤醒了我们的初心。我们本该如此生活。

——《职业规划》栏目首席执行官、创始人
安德里亚·克拉克

初次见到丽萨，仿佛遇见一位老友，她的温暖关怀营造出了一种安全的氛围。丽萨利用这样的安全感使你面对挑战，她的问题启迪思维，帮助你深入价值观、发现本真。这一过程十分艰难，充满坎坷，但回馈是人生轨迹彻底的扭转。无论你是功成名就的企业家、迷茫挣扎的父母，还是期待发生一次职业

改变的普通人，《你的后半生指南》都将重构你的思维，为你规划未来蓝图。

我钦佩丽萨的韧性，她对人际关系力量的信念与投入，以及对家庭矢志不渝的守护，绝对会使你想和她成为朋友。她积极的能量、诚信的品格令人深受鼓舞。我将永远感激遇见丽萨，并期待见证她生命中的下一章。《你的后半生指南》让每个人都有机会感受她深刻的思想及有效的策略。

——西太平洋银行集团部门总经理　梅兰妮·希尔顿

过去三年中，丽萨是我的成功学导师。在那段时间里，她参与了我们集团在亚洲与美洲的领导工作。她工作的方式直接而积极，为每次会议、活动、指导课带来了巨大的能量与热情，并使之极具实效。丽萨·斯蒂芬森帮我成为事业与家庭中优秀的领导者。

丽萨运用策略的方法缜密而熟练，你不可能蒙混过关。她能发现你的本质与潜能，对每一位与她交流的人付出诚心与信任。《你的后半生指南》真实地折射出了她带领我走过的旅程。因为丽萨的指导，我成了一位更好的丈夫和父亲，也成了一名更好的朋友与领导者。

——富邑葡萄酒集团北美洲客户与销售执行副总裁
安德鲁·奥布莱恩

丽萨是诚信与智慧、真实与幽默的完美化身。在《你的后半生指南》一书中,她将数十年的培训、指导经验与现实生活巧妙融合。丽萨坚定地支持人们改变生活,她的力量锐不可当。

——布罗德创意慈善学校创始人　雅基·路易斯

致梅布尔、威廉和詹姆斯：
我们是斯蒂芬森部落一家人！

这本书原本不在计划之内，但我们比想象中更棒！
成为你们的妈妈是我此生最奇妙的体验，
我爱你们胜过爱海豚、巧克力酱和其他所有的一切。

我喜欢打破常规，
因此本书还有另一项致辞：

致本书的读者，
我爱未来的你们！

注意

本书不能改变你的生活，但你可以。

你在生活中的成败取决于你自己。

因此，承担起自己的责任，准备付诸行动（不要在酩酊大醉后做重大决定）。

本书将指导你如何走向成功，无论成功对你来说意味着什么。

你将在本书中发现：

◇重新设计生活的启迪性故事；

◇挑战思维方式的指导性问题；

◇创造成功生活的实用性策略；

◇情感健康者的处世必备法则；

◇生活新篇章的最佳构建方法；

◇故事分享者的绝佳讲述技巧。

目　录

第三部分　成功生活的策略

第四部分　十条处世必备法则

第五部分　你故事的新篇章

好的部分

我是一名环球演说者，拥有二十多年高级管理、创业管理、成功学指导及活动策划方面的经验。我还拥有不少其他头衔：高绩效教练、生活指导师、执行培训师……你可以随心所欲地称呼我。

我是知名网站"whoamiprojects.com.au"的创始人，也是"我是……"式陈述的发起人。我与我的团队在全球各地工作，团队成员皆为经验丰富的引导师与培训师。我热爱自己的工作。

作为一名成功学培训师，我服务于全球各类企业及首席执行官、精英运动员、媒体人士、高级领导等人才。大家时常称我为"值得信赖的顾问丽萨"。

可我到底是谁？

我是阿贝罗鸡尾酒爱好者。我不完美。我活得真实。我还是最好的隐私保密人！我累了会发脾气。人人都知道我晚餐吃麦片。遇到不好的事情，我会大笑（我一般不咒骂，别人咒骂时，我会放声大笑）。我不爱健身却依旧健身，因为这有益健康。

　　我经常怀疑自己会引起职业培训师群体的一致侧目。我离经叛道，对于约束和限制视而不见。我认为为人处世需要留有遗憾。我屡屡犯错，也在不断修正自己。

　　我坚定地支持人们追求他们在生活中的渴望。我对于许多事充满激情，包括高情商的生活，以及在一个时间紧迫、复杂多变、充满挑战的世界里找到生存之道。

　　通过Instagram①，您可以看到我在澳大利亚各地，以及在美国、英国和亚洲的工作概况。我在每次行程中挑战人们的思维，分享他们对于行为方式的认知。在我看来大脑十分神奇，在机场观察来往行人是我的一项乐趣。

　　我因犀利的个性获得肯定，对此我心怀感恩。众所周知，我对事不对人；提出伤人的问题，意在摒除迷惑人们的借口，要求人们（或组织、团体）为自身的成败负责。

　　直觉与同理心是我的天赋，指导工作符合我的天性。我会发自内心地讲述我们（每个人）是谁、我们（真正）渴望什么，我们如何从当前的状态转变为渴望的状态。无论与一个人还是一千个人交流，我都同样践行自己的理论、做最好的自己（大多数时候），并以光速建立信任、构建关系。我关心的是转变的时刻和显著的成效。

---

① Instagram（照片墙）是一款运行在移动端的图片分享社交应用。

简而言之

◇ 我住在澳大利亚的莫宁顿半岛，有三个很棒的孩子，两只淘气的狗狗，几条半死不活的小鱼，屋顶上养着一只负鼠，最近翻修了房子（我居然能想起来翻修房子）。

◇ 二十年来，我从事培训、咨询、管理和策划工作；九年前，我创办了自己的咨询公司，也是在那时，我突然成了单亲妈妈。

◇ 我经历了离婚、伤痛、单亲妈妈生活并创办了全球性的企业，这意味着本书的创作融入了同情心、洞察力和丰富有趣的人生体验。

◇ 我已经记不清乘坐过多少次航班，做梦都想一夜睡饱8小时。我爱旅行，爱海滩。

◇ 我有一种恶作剧式的幽默感，也许笑得太大声、太频繁——尤其在自己讲笑话时。

◇ 我痴迷于照片、Instagram、美酒、所有意大利的物件，还有提前完成工作！

◇ 我正在找寻能与我共度一生的男士。假如那个人是你，请保持联络！我有许多约会的故事，不过那是另一本书的内容。

◇ 我是个很有趣的人！不过这也要问问我孩子们的看法。

我接触商业的方式是创业。除了开展全球咨询业务，我还经营着一家私人培训机构，定期开展巡回演讲，指导一些知名的领导者。为满足行程及着装需求，我也担任时尚品牌Aneka Manners的咨询委员会委员。

　　本书的创作基于我目前的所知所学、耳闻目睹以及讨论交流过的内容。我是一名合格的职业培训师，具有丰富的经验和良好的声誉。我面对过成千上万个难题，进行过无数次艰难的对话，自始至终都能做到认真聆听。这是培训师的职责所在。本书根据我的实际观察，讲述成功的原因以及成功者的行为方式，内容行之有效，屡试不爽。

　　至关重要的是，本书将开启你生命下一站的新篇章。

好的、坏的和丑陋的

　　我之所以撰写这本书，是因为九年前我对生活的一切认知全盘崩塌了。现在听起来未免有些夸张，但当时这绝对是我内心的真实写照。我必须做一份可以在经济上养活自己和三个孩子的工作，同时搞清楚成功是否还有另一种定义。我美好的前半生戛然而止。这个故事很简单，我也很喜欢：我嫁给了自己最好的朋友，想要以婚姻幸福、相夫教子为主，顺带培训一些客户，始终享受工作的快乐。

　　而现实中，我突然变成了一位焦头烂额的全职单亲妈妈，扑面而来的各种事务令我应接不暇。这正是我的状态！我扮演着相当传统的家庭主妇与母亲的角色，还要在办公室里做兼职赚钱养家。孩子们在一所声誉很高的私立学校念书,过去是他支付账单、管理财务,做天下所有好爸爸、好丈夫会做的事。而现在,我想维持这样的生活,必须学会既当爹又当妈。

最简单的做法就是找份工作。可如果想要过得精彩,就必须做出精彩的选择。在迷茫之中,有个声音挥之不去,如今我知道,那是我内心中的创业者在呼唤。

我暗暗下定决心,汲取我读过、学过和经历过的一切。这本书,正是过去我希望在书架上找到并拿起的那本书。这本书,提炼了我曾使用过并希望与你们分享的攻略。

首先,我想谈谈我的观点。在离婚、流产、经济损失和情感破裂等问题上,我与很多人的经历相似。不少夫妻遭受过心理问题的困扰,有些人战胜了艰难的挑战。我想说的是,每个人都有自己的故事,有经验需总结,有挑战要应对。坏事的确会发生在好人身上,问题的关键在于,面对危机时我们该如何处理这一切。

一段平淡无奇的时光

我的童年时光很快乐,有一个温馨的家庭,记忆里充满了欢声笑语。我在澳大利亚昆士兰州的莫洛奥拉巴海边长大,常常骑着自行车去冒险。父母的婚姻关系过去很稳定,现在依然如此,他们爱我胜过爱生命。我喜欢学校,有很多朋友,还有个既讨厌又可爱的弟弟。那时还没有规定孩子必须戴帽子才能玩耍，我的皮肤被晒成了古铜色。我的梦想是与最好的朋友杰基一同在鞋店工作，每天午休时喝一杯奶昔。我家有个游泳池，那里是孩子们的天堂。学校放假时，我们会去另一片海滩度假，努沙海滩和黄金海岸常常会带给我们欢乐。大多数时候，妈妈不让我吃垃圾食品。我的初吻给了一个叫亚当的可爱男孩。

我的童年并不完美，家庭算不上富有却还比较宽裕。13岁时，我家搬去另一个州，我讨厌与朋友们分离。在新学校，我时常哭泣。有一回头磕到了马桶上，初次体验了自我修复的功效。后来我们又搬家了，这回搬到了墨尔本，生活也有所改善。

只看一眼我就爱上了墨尔本，现在依然爱着它。总之，我的童年很快乐，爱围绕在我身边，最令人痛苦的事情也就是自行车被盗。我拥有成长为一个健康快乐的成年人所应具备的所有条件。

成年

17岁那年，我离开家去上大学。大学所在地是一个美丽的海滨小镇，离家四小时车程，叫作瓦南布尔。那时我连正式的男朋友都还没有交过，一想到即将到来的独立生活，未经世事的我感到既恐惧又兴奋。啊，自由！我搬进寝室的第二天就遇到了未来的丈夫。我19岁与他订婚，21岁结婚。紧接着我完成了学位，开始了职业生涯，并继续学习。1999年，我们搬到了伦敦，在欧洲拓展事业。24岁时，我幸福地怀孕了；25岁时，我当了妈妈。生活多么美好！我嫁给了我最好的朋友，也是我唯一爱过的男人。

回到墨尔本之后，我和我的朋友，也是一对夫妻合伙开办了一家培训机构，迈出了创业的第一步。四年后，第二个漂亮的宝宝呱呱坠地。他真是天赐的宝贝，两年后他又带来一个小妹妹。我有一个家，一位丈夫，一辆好车，还计划着一场非洲狩猎之旅。我过上了自己一直期望过的生活，我为自己的幸运而心怀感激。

世事难料

我从没想到自己会成为单亲妈妈——从来没有。2009年，变故从天而降。法院将孩子的监护权判给我，我改回了自己的姓氏，孩子们也跟着我改姓。我们七年内搬了五次家，孩子们两年内换了三所学校。我沉浸在悲伤之中，食不知味，彻夜难眠。怎么会发生这种事？我的丈夫像被外星人绑走了一样，就这么消失了。此后很久，他去了哪里，是否还活着，我不得而知。

我在人后失声痛哭，人前强颜欢笑。显而易见，那个人绝不会再对三个小家伙负责了。他深陷抑郁之中，我称这种状态为"抑郁"，其实我俩到现在也不确定当时出了什么问题。总之，他决意不再做丈夫和父亲，没得商量。于是，保证我和孩子们身心健康、经济稳定将成为我的全职工作（没错，他同意分享这段经历，甚至表示我叙述得太委婉了）。

随后几年，与这位不愿再当父亲的男人周旋，给我带来了无尽的泪水，也不断挑战着我的底线。他半夜给我打电话，寻死觅活。我坐在淋浴间的地上，想着该如何边抚养孩子边维持生意，还要有精力保证他活下来。当离婚程序终于结束时，我觉得我这辈子最悲伤的事——婚姻完结已成定局。我不知道该如何告诉孩子们。那段时间，我们的晚餐有时只能靠面包和豆酱来应付。每一天都以同样的问题开始：今天将发生什么？如何确保每个人都没事？如何付房租？会永远这样下去吗？

人生中的这一阶段给予我很大的考验。我经历了各种各样的歧视，不是电视剧中那种骇人听闻、肆意夸张的情节，而是诸如银行不肯贷款给个体经营身份的单亲妈妈之类的琐事。不付点现金，房产经纪人是不会为拖着三个孩子的单亲妈妈租房子的。有孩子的单身女性购买人身保险的价格更高，因为你被划为存在心理问题的高风险人群。

一生中，我们会被贴上各种标签。"离婚人士"是我绝不想被贴上的标签。我一次又一次地对自己喃喃低语："这不在我的计划之内。"我身无分文，毫无准备，最亲近的人离我而去。就在这时，人生的新篇章开始了。

好奇心拯救了我

我记得自己坐在厨房的料理台上打定主意，只要有精力就要保持好奇心。我憧憬、工作、学习、思考。我时刻提问，相信自己能找到答案。我将公司命名为"好奇咨询"，开始阅读一切令我好奇的资料。我发现了成年人有多么"习惯成自然"，理解了改变有多么困难，明白了为什么韧性尤为重要。我决定重视有价值的问题，学着挑战原有的信念和价值观，不断发掘自己的潜能，对孩子们的未来充满好奇。

是好奇心为我的恐惧、担忧及愤怒提供了另一种视角。我继续着屡败屡战，不断收获惊喜成果的路程。人生的这一篇章让我涅槃重生。

当下

我正在学习约会（这太难了！）。我的孩子们很听话，他们相当优秀。我拥有一家全球咨询公司，基于个人经验创建了体验教育、培训等项目，帮助人们寻找成功之路。那个想在鞋店工作的小女孩已成为遥远的记忆，取而代之的是这样一位女子：她想让家成为温暖的港湾，让孩子们拥有母爱的依靠。

身边的故事常告诉我们，往往在经历了重大变故之后，你才会发现自己其实比想象中更强大、睿智。读了这本书，你无须经历变故和创伤，也可以遇见一个更强大的自己。

我知道这句承诺非同寻常，可我们每个人都具有超乎想象的潜能。这不关乎你的资源和天赋，这仅仅关乎你为所期望的生活付出的努力。

我很荣幸为你写了这本书。据说，我们每个人心中都有一本书（不知道这句话是谁说的）。愿你的故事同样绚丽多彩。我们这就开始吧。

我对你的承诺

本书将挑战你的思维模式，并提供一套反思与行动的结构化方案。你会找到激励自我的名言、反诘自我的问题。这些都是友好的提醒——以后你将很难获得这样的警示。我相信，倘若你下定决心，你一定会成长、改变、成功。当你变了，你周围的世界也会改变。

这是我的承诺。

"

没人会来给你兜底，
一切取决于你自己。

——佚名

如何使用本书

◇ 读到笑话，请笑一笑（我自己觉得挺有趣，而且笑有治疗与激励的功效）。

◇ 我们的谈话是保密的（我不会告诉任何人）。

◇ 对自己诚实（且友善）。

◇ 粉碎自己的借口（跳过自责的环节）。

◇ 写，写，写（我保证，写会让你改变）。

◇ 想想无所事事的后果。

◇ 你将感到不适，做好准备；这才是真正的学习、改变与成功的必经过程。

◇ 按照逻辑顺序，"启迪思维的问题"被放在本书第二部分，但你可以随意翻开一页，选择喜欢的内容读下去。

◇ 不要跟别人说你在读一本励志书，我不喜欢这种说法！

◇ 今天就开始！这是最好的时间。明天（或周一）就太晚了。此时此刻迈出第一步。

◇ 我期待本书可以为你带来美妙的自省体验，成为尤为实用的有效工具。所以，请在书上涂涂写写，划划重点，撕撕补补吧！请将它随身携带，哪怕溅上污渍……总之，将它利用起来！

导 读

你是否听人这么说过：但愿人生有一本指南手册？我听过千万遍。几乎每位走进我办公室的客户都曾表达过类似的想法。这本《你的后半生指南》正是我希望能够赠予他们的指南。

你会经历疯狂与混乱，巅峰与低谷，欢笑与泪水，幸运与不幸，正是这些经历构成了美妙而复杂的你。你是你自己故事的作者，是你人生的首席执行官。

生活会精彩，也会无奈，之后会再次精彩。它十分奇妙，有时美好，有时令人心碎。我们将开始新的旅程，转变方向，结束曾以为会地老天荒的事。我们将重建一切，重新来过。我们生来注定要去感受，去爱，去赢，去输，去搞砸——这就是人性，我们的优点与缺点。经历令人成长，我们在成长中不断前行。

设想一下以下几种情况。

◇ 增强自我意识——同时获得提高情商的关键能力。简单地说，如果你清楚地知道对自己来说行不通的事，会怎样？

◇ 下点功夫真正认识自己，认知自己的想法、行为、人生目标和生活方式。天哪，想想都兴奋！

◇ 挖掘你自己的故事：你曾经是谁？你想成为谁？你可以启发式地与人交流，避免疑惑不定、条理不清、单调乏味。

◇ 更广泛、深入、透彻地审视自己并思考成功的实际意义。也就是说，明白在人生中你要到哪里去，而不是梦游般游荡，时刻被自己"默认"的反应及行为所控制。

◇ 对自身的潜能充满好奇。读这本书将增加实现未知可能性的概率。太激动人心了！请务必继续往下读。

◇ 更善于利用自身的优势、过去的经验和最好的特质。成功与否主要取决于你的所长而非所短。奇怪的是，我们经常关注后者。

◇ 适当关注你的生活中什么行得通，什么行不通。花点时间倾听内心的声音，倾听那些呼唤（或呐喊）有所改变的声音。听到这种声音的人大部分无须药物治疗！

◇ 走出等待区、拖延区、舒适区，尊重未来那个更成功、幸福、美好的你，并为之努力。

希望你将本书看作一本必读书，此后你将开启人生的新篇章。

本书将提供策略、思路及问题，而你要拿出天赋、激情、勇气、潜能、韧性及谦逊。你的故事，你的目标，你的恐惧，你的旅程，这一切无不密切关联；你从哪里来，要到哪里去，两者通常相互呼应。这本书的重点是，认可你对未来的期盼，帮你做最好的决定，制定完善的计划，并果断采取行动。

建议

开始之前，确保自己有足够的耐心。一旦践行改变，你可能需要一段时间才能体会到选择的正确性。这条路没有捷径，前方将是一段新的冒险之旅。我们会面临挫折，也会尝到甜头，只管向前走就好。迄今为止，我还没遇到过一夜成名的人。

振作精神，干货来了！

第一部分

你的故事——当下

为了拥有更好的生活，必须适时选择如何生活。

——阿尔伯特·爱因斯坦

天哪，爱因斯坦太聪明了！不过，你也很聪明！因为你拿起了这本书，不仅打算读一遍，还要付诸行动。你意识到了，但知道不等于做到，对吗？

你已经决意付出行动以改变生活。很好！你接下来要做的是集中注意力，对自己负责。我保证，你绝不会后悔对自己的改变。

请把这本书当成一套私人培训课程。你会发现，我指导个人成功之道二十载，所有反复阐述的"热门主题"，都能在本章中找到。

如果你对自己的方方面面都很满意，恭喜你，把书放回书架，离开吧！

如果你准备撰写你人生故事的崭新篇章，那就让我们开始吧。

问题一　你当下在哪里？

　　你是独一无二、错综复杂、时刻变化的个体，有自己的旅程、自己的故事、自己的下一章。首先，要明确你曾去过哪里，当下在哪里，这样才能对你要去哪里心中有数，并有意识地完成规划。我确信这是必要的步骤。所以，请耐心点，先完成这一步。

　　写一段关于自我的描述或陈述，可以帮你把握当下状态，提升自我认识。这段文字要包含你的核心经历，你最在意的事及你最关心的人。本书第一部分的目标在于铺垫思维方式。如果你按顺序读完每一页，你就会明白，将你自己的故事作为起点是多么重要。现在，就让我来引导你的思路，看看你曾经是谁，现在是谁。

　　我将其称之为"我是……"式陈述。

什么是"我是……"式陈述?

多年来,我(和我才华横溢的团队)与世界各地的人们(及组织)合作,致力于讲述他们的故事,凸显他们的"自我"及个人特色,描绘他们的历程与理想。事实证明,"我是……"式陈述所具有的特有结构能够有效帮助人们书写自己的故事。大家普遍认为,构建这一陈述,能够深入而真实地发现自我,从而形成将理想付诸行动的强大动力。在此基础之上,我们才能更好地规划下一步。

我们这就开始。

"我是……"式陈述练习提供了一个退一步审视自己的机会,帮助我们认清自己到底是谁。相信我,敢于分享你的故事,会对你及周围的人产生不小的影响。你可以称之为魅力,或仅仅称之为良好的沟通能力,但分享你的故事的确有助于他人尊重你及你所重视的事物。第二部分的结尾将提供大量分享故事的有效技巧。

"我是……"式陈述能帮你摆脱应接不暇的状态。它也被称为"独特定位"陈述,因为你的陈述注定与众不同。相似之处与共同经历固然存在,但传达的技巧在于你如何解释、书写个人见解,令你成为独一无二的自己。所以,关于你是谁、何以成为真正的自己,请思考片刻。

我们看到的不是事物本身,而是我们自己。

——阿娜伊丝·宁

阐述你未来的方向与行动，也许仅仅关乎你个人，也许适用于更广泛的层面。假如你期待职业上的变动或晋升，那么，这次自我探索之旅将帮你了解自己的"品牌特色"。你会发现自己所做的贡献，在行业中所处的位置，以及自己的优势与兴趣所在。把握自己的个性特质与行为特征，发现自己高效状态的表现，这对于我们的未来发展大有裨益。

"我是……"式陈述练习

在构思陈述的过程中，你会发现自己曾经忽视的盲点、局限的见解、欠缺的技能；你会发现自己秉持却从未践行的价值观，渴望却不曾争取过的事物；你会发现不同的人如何影响你获得成功、幸福及独立自主的能力。

这一练习相当私密并因人而异。它需要你进行反思；它需要你放下旧的世界观，以全新的视角审视自身，真正思考"我是谁"。这一过程会挑战人性的弱点：叙述你的故事，追究过往生活中你个人应承担的责任。

因此，参与以下活动，需要你坦诚面对，真正希望改变自我。回报始终与付出成正比。勇敢直面，芒刺在背也别放弃。记住你买这本书的原因，读下去，现在就开始叙述吧！

📝 活动

步骤一　询问他人如何看待你

当我们倾听生活中形形色色的人如何描述我们之后，也许会感到相当讶异：不同的人与我们交往的经历各不相同，看法大相径庭。许多人的看法大大出乎我们意料，令人失落、震惊抑或相当兴奋。

与生活中各层面的人交谈，允许他们告诉你真实的想法，可能会给你带来困扰，益处也颇多。要积极倾听而不评判，尤其不要心存芥蒂。听对方和盘托出，做些笔记，独自一人的时候进行反思。他们的坦诚是对你的馈赠。我见过不少人创造性地完成了这一步。你可以询问自己的孩子，或者进行匿名的网络调查。记住，你是成熟的成年人，可以决定如何处理收到的反馈。

有些人设计了一系列具体的问题采访他人，以书面形式派发，示例如下。

◇ 你能用五个词描述我吗？
◇ 什么时候与我在一起令你感到不舒服？
◇ 你认为我能为你的生活增添什么价值？
◇ 关于我们两人，你最愉快的记忆是什么？
◇ 想到我们两人的关系时，你是什么感觉？
◇ 你信任我哪一点？

◇ 你认为我在生活中需要注意什么?

◇ 什么时候你最为我骄傲?

步骤二 问自己以下问题

以下是关于你的综合性问题。问题并不专门针对你的职业与工作经历,因为你的身份远不止于此。后文我会具体探讨这一点。

◇ 我是谁(五句话写出你的答案)?

◇ 关于童年,我印象最深的是什么?

◇ 谁对我的影响最大?为什么?以何种方式?

◇ 我从生活中真正想得到什么?

◇ 我想如何度过我的余生?

◇ 家人或工作伙伴与我相处时感觉如何?

◇ 对我来说,最重要的是什么?

◇ 我的价值观和优先事项是什么?

◇ 什么令我快乐?

◇ 什么令我伤心?

◇ 什么最令我自豪?

◇ 我最希望别人了解我什么?

◇ 什么会令我好奇并展开思索?

◇ 想到未来,我最渴望什么?

📝建议

请勿只从工作角度回答以上问题，而应考虑生活的方方面面。

步骤三　花点时间探索你的独特之处

我曾无数次与客户探讨这个问题。你的独特之处是你的财富，是你最大的资产。我们每一个人都必须明白自身的价值。如果你自己对此一无所知，他人更加无从了解。看看你的家人、朋友与同事，你会发现，世上没有任何一个人拥有与你完全相同的经历。

我们固然与他人有很多相似点，但要想清晰地表达并写好你的故事，就必须描述你自己的独到之处。假如你与前一位面试者不相上下，怎样才能让未来的雇主选择你呢？这个问题或许有些挑战性，但你的答案很可能帮助你获得下一份工作。增强你的自我意识，找到自己的独特之处，无疑会增加成功的概率。倘若你现在还无法回答以下问题，可以在读完第二部分之后再回到这里。

◇ 我的想法与他人有何不同？
◇ 描述我拥有的三个最佳特质，它们如何为人际关系的融洽增添价值？
◇ 什么令我脱颖而出？
◇ 我能够出色完成而周围人无法完成的事是什么？

◇ 单身生活对我最大的改变是什么?

◇ 别人最欣赏我哪一点?

◇ 什么能证明我的独特之处?

◇ 大家一致认为我擅长做什么?

步骤四　考虑你的遗产

遗产并不是老年人的专属!你生命中的每一步都会在这个世界上留下印记。在步骤四中,思考你的"我是……"式陈述,探索你希望他人记得你的原因。多年来,我看到过成百上千的"我是……"式陈述;多年后,我遇到一些人,未必记得他们的名字,却记得他们故事中最重要的部分,记得聆听他们诉说时的感受。前不久,一位男士在机场拦住了我——六年前,我见证了他向同事们分享自我陈述的时刻。我立刻向他询问关于他家庭的问题,他热泪盈眶,微笑作答。

他人未必记得你供职的机构与职位,但他们很可能记得你的见解及你所重视的事物。重温你在前三个步骤中记录的内容,回答以下问题。请基于问题体系思考作答,倘若我希望大家认为我是"值得信赖的顾问",那么我今天做了什么来让大家相信我呢?询问自己。

◇ 我希望因什么而知名?

◇ 我最希望家人和朋友为我哪一点感到骄傲?

◇ 想到自己的葬礼时,我希望别人记住什么?

> 询问他人"与我在一起时感觉如何"是判断你是谁时要问的最重要的问题。

——佚名

问题二　你理解自己的故事吗?

你已进入本书的正轨, 怀疑论者、愤世嫉俗者、时间匮乏者或许会开始质疑坚持阅读的价值。显而易见, 你选择这本书的原因, 是想知道如何让生活井然有序, 如何取得成功并收获成就感, 但此刻的你也许感到有些困难, 产生了不适感。

太棒了! 这正是我所期待的效果。

现在, 让我宣布另一个承诺: 这是一本值得你投入时间坚持阅读下去的书。别逼迫自己, 跟着感觉走, 拿起书, 再放下书——务必再次拿起来。

动力会消退, 这是人的本性。要想继续前行, 你就必须不断寻找新的动力, 这是成功的必要条件之一。

如果你需要激励, 请阅读本部分, 领会"我是……"式陈述背后的力量与原理, 这与讲好自己的故事息息相关。

你的故事

自古以来，讲故事在所有国家、社会和文化中都至关重要。讲故事可以有效传播、连接与构建人类文化。故事可以阐发哲理，娱乐大众，增进坦诚的交流，加强彼此的信任、合作与理解。

世界各地的组织机构逐步认识到，人们的工作状态受生活中其他层面事件的影响。毕竟我们是完整的人，与我们生活中的点点滴滴密不可分。它们共同构成了我们的故事。

故事

叙述，内容真实或虚构，体裁为散文或诗歌，旨在引起兴趣，产生娱乐效果或教导意义；

叙述一个事件或一系列事件；

叙述一个人生活中的事件或某物的状态；

事件的报告或描述。

我们的故事就是我们的历史、我们的当下和我们的未来。

故事以极其独特的方式表达了我们是谁，我们为什么成为自己，我们在何时、何地成了怎样的自己，以及什么对我们至关重要。大多数人习惯讲述自己准备好的故事，来表达自己的担忧、面临的挑战与曾经的失败。

讲故事是使时光倒流的过程，也是穿越一段时光的过程；讲故事使塑造未来的你成为可能。

　　我在世界各地机构工作的经验显示，能够讲述自己故事的人，更善于说服他人改变观点，更善于建立和谐关系，如诚信关系与信赖关系。假如他人在你的日常生活中扮演着重要的角色，你也应该去了解他们的故事。

> 你的故事独一无二。在这个星球上，任何一个人都无法与你拥有相同的外貌、感知与思想。你的经历、信念与价值观塑造了你所做的每一个决定。

——佚名

所思即所得。

——拉尔夫·沃尔多·爱默生

相比你的简历及数据，人们更喜欢听故事。当然，听你亲自讲故事比从别人口中"听说"要有趣得多。巧妙地讲故事，可以改善乏味的谈话，缓解紧张的气氛，激发演讲的激情，为领导者的观点或目标创造一幅更令人信服的画面。

这很重要。如果你期望事业发展，激励他人做出改变，或者寻求某人的理解，那就跟他述说蕴含深意的故事吧。触动听众的往往是听故事时的感受，而不是叙述的内容。

经验、智慧、希望、信念、洞察力，乃至目标和时间，都可以通过讲故事来分享。故事为我们构建纽带，产生影响力，分享历史文化。故事之所以能触动我们，是因为其核心内容实现了传递，深入了我们的心灵。故事讲述者的深意一旦显露，我们就与他建立了情感，从内心接纳了他。你固然可以运用其他林林总总的新奇策略来获得成功，但成为一位才华过人的故事讲述者，是我所观察到的最有效的策略之一。

讲故事作为一种技巧，可以轻而易举地处理最棘手的挑战，凸显个人特色，传播价值观，引导人们走向未来。

在创造未来的过程中，讲故事是重要的一环。它使我们超越眼前的情理逻辑，抵达一个充满各种可能性、寓意更为深远的领域。我们仅仅需要努力领会我们曾经是谁，当下是谁，就可以有意识地选择将来如何发展。

讲故事是企业家和领导者的必备技能。好故事简洁有力，令人耳目一新、精神振奋。这些故事往往循循善诱、寓教于乐，让人深受触动、记忆深刻。

讲故事可满足理智与情感的需求，它可以有效且快速地构建情感纽带，关联所有的细枝末节。根据多年来我观察成功人士所获得的经验，要想让生活、事业和人际关系迈上新台阶，你需要有人与你同行，没有人能独自完成。

讲故事能将我们从对现实的固有认知中解放出来。讲述自己的故事时，我们往往显得更真切、开放、柔软。讲述自己的故事能够强化我们的价值观与信念，提醒我们只要尽最大努力，就可以拥有更大的空间、更充实的人生、更大的收获。

我们必须接受一个现实，那就是我们认为自己是谁与别人认为我们是谁不尽相同。这或许是恼人的尴尬，或许是美好的期许。如果你确实收获了期望中的正面反馈与评价，那么就说声"谢谢"，坦然接受吧。

讲述自己的故事创造了一个设计自身形象的机会，它可描述你想成为谁，要到哪里去，以及必须具备何种能力才能实现这一目标。

你的故事是改变与创新的天然工具，因为它可以让人大笑、痛苦、评论、行动、思考、讨论，等等，最终理解你！

故事可以追溯到童年，情节要引人入胜、跌宕起伏，能够娱乐听众。人们开怀大笑、享受欢乐之时，往往更愿意放下戒备和抗拒心理，了解新的视角与观点。

我说过讲故事也很有趣吗？嗯，应该说过。形形色色的人深深吸引着我，如果在飞机上跟你邻座，我会忍不住主动找你聊天。深入交流之后，你会发现每个人都有自己的故事，值得学习。迄今为止，我还没遇到让我感到无聊的人。你要做的，只是问正确的问题，并全心全意地倾听。听别人的故事让我受益匪浅，这样的例子不胜枚举。

接受讲故事的理由

也许你需要些确凿的证据才肯相信讲故事可以改变职业、人际关系、学习状态以及获得成功的途径，以下是一些智者的名言。

故事比信息更有说服力。故事不同于信息，因为故事有开端，有结局；故事谈论的是事件，而不是条件；故事暗示着事件之间的深层关系；故事关乎特定的人物；故事通过人的声音传递。营销人员需要擅长讲述引人入胜的故事。

——里克·列文等《市场就是谈话》

经典的商业故事很像经典的人类故事，情节跌宕起伏，争取渺茫的胜算，不惜代价坚持原则，卷入对抗与继承问题，甚

至有可能陷入疯狂。

——马克·赫尔普林

好的故事引诱我们踏上想象与尝试的冒险之旅，继而为我们提供一幅路线图。也就是说，它已经标明了每次的行动与任务……我们按图索骥就能走完一段路程。此外，它还提供工具包，供我们解决一切问题，以便顺利完成行动与任务……每则好故事都会透露些许线索式的信息，随后，线路的每个阶段会逐渐呈现出来。当然，这一切都在听众无意识的状态下悄然发生。

——詹姆斯·博内特

我们曾被警告，代数会相当难学；爱因斯坦则被告知："你要捕猎一种叫作'X'的生物，一旦捉住它，它就会告诉你它的名字。"

——基思·约翰斯通

我们讲故事是因为渴望分享激动人心的事。我们讲故事是为了取悦别人，吊人胃口。我们讲故事是为了让别人知道我们在想什么。我们讲故事是为了教育某人或解释某事。我们讲故事是为了分享自己的想法，让别人更了解我们。我们讲故事是为了抒发情感。我们讲故事是为了发挥想象力。我们讲故事是为了永远贮存我们的经历。

——约翰·西利·布朗、保罗·杜吉德《信息的社会生活》

故事的情节由开头构建的预期贯穿起来，这种预期在结尾得以满足。因此，好的故事都以极强的连贯性为特征。只要所有事件都遵循并推动基本节奏，故事就会对我们产生影响。

——基兰·伊根

敞开你的心扉，让情绪自由飞翔。我们努力思考，却缺乏感受与想象，你必须允许自己去感受、遐想。生活中的大多数决定——不论个人决定还是商业决定，都由情绪驱动。假如律师的开场白是个动人的故事，那么无论当事人是否有罪，他都极有可能打赢官司。事实上，每位伟大的领导者都是一位优秀的故事讲述者。

——彼得·朱利亚诺

如何分享故事

我说过会提供分享故事的技巧——只要你愿意分享，只要分享对你有益。这些技巧在职场中尤为有效。

1.创造你独特的故事：设计一种让你感到自信的分享方式。相信自己，你生命中独特的每一天最终塑造了独特的你，而你在现场所呈现的内容必然有一部分为你所独有。

2.心理暗示很强大：避免那些认定你会搞砸或不认可你的

场合，预设你的听众亲切友好、兴致勃勃，而且乐于捧场。发掘一个大家都感兴趣的故事，展现你全新的状态。每个人都有自己的秘密故事，每个人分享秘密时都会有一种脱离舒适区的不安感。克服不安，你会发现这样的故事蕴含着强大的心灵力量。

3.放松身心： 在讲故事前，进行"热身活动"。你可以在开讲前，全神贯注于其他事，转移注意力；或者屏蔽一切，全身心投入。放松自己的身体，抬头挺胸，深呼吸，展现出自信的肢体语言。调整呼吸节奏，先慢慢深呼吸，有意识地放松肌肉，随后继续控制呼吸（优秀的故事讲述者两次呼吸间隔一般平均不超过5秒，很少超过6秒），直到开讲时停止。管理好肢体语言很重要，因为紧张的情绪会传染。如果无法克服，承认紧张、展示弱点也不失为一种拉近与听众关系的好方法。前一天晚上睡个好觉，避免摄入过量咖啡因，及时补充水分。记住，大部分人都希望你能顺利完成讲述。

4.避免铺陈： 在有限时间内，确保分享的每一点都具有相应的价值。它有趣吗？它能让人更了解你吗？避免讲述大家已知或可以推测到的内容，避免使用铺满文字的幻灯片，避免关于你过往经历的乏味铺陈。你要有的放矢地深入挖掘，而不是蜻蜓点水般地面面俱到。譬如，不要列举所有你去过的地方，而要讲述特别的经历对你的影响。着眼于你的独特之处，呈现相关的重点内容。

5.思考结构： 这是一个关于你的故事，因此它需要有一个漂亮的开场白，一个完善的框架，通过叙述层层推进，结尾扣人心弦。例如，从抛出疑问开始，继而描述寻找答案的过程，最后以你强有力的观点结束。这样，你的听众才会恍然大悟。要以一种独特的方式改变观众对你的看法，让他们像初次见面一样重新认识你。使用这一方法时要注意找到适合自己的节奏，否则就会给人一种套用公式或脚本的感觉。

6.分享你真实的故事：这不单单是描述你自己，也不单单是罗列你的所到之处与过往经历。听众对什么感兴趣？如何吸引他们的注意力？如何与听众互动？怎样引发情绪？是哪些伤痛和快乐使你成为今天的你？鼓起勇气，面对你内心的脆弱。如果觉得某些问题太过沉重，不妨用幽默的方式来阐释，幽默可以锦上添花，流泪也没关系！

7.规划你的演讲：如果对一群人演讲，你是打算在幻灯片上展示"规划图"，还是记住演讲内容侃侃而谈呢？前者可以使人清晰地看到一系列要点，后者则是简短演讲的理想选择，前提是要准备得非常充分，并对演讲内容充满信心。

8.充分准备：对着镜子练习，最好面对他人练习，这样做很有效果！记住，你演讲的质量、分享故事的热情比出色的演讲风格、精美的幻灯片更重要。近年来耳濡目染的一切告诉我，相比于完美，人们更欣赏真实。

9.与听众交流：与每位听众进行眼神交流，把听众当成许久不见的朋友。从与场内最友好、最捧场的听众互动开始，随后让更多人参与进来。世界是一面镜子，你会收到你期望中的"电波"感应。

10.使用情感：让你真实的情感丰富听众的体验。能够触发情感的故事普遍具备教导启迪、鼓舞感化听众的功效。以真实、勇敢与信任的情感来讲述你的故事，穿插一些幽默，也可以流露出悲伤——如果悲伤是你的真实情绪。对你重视的事情表现出激情与热忱，你的态度会感染听众；引导他们踏上你的旅程，让他们感同身受。

11.妥善使用视觉辅助工具：避免依赖，尽量简化。避免将幻灯片当成笔记的替代品，避免朗读幻灯片；笔记只用来提示你的下一个观点。使用照片、短视频（最长60秒）、地图等增添演讲的趣味性。如果使用幻灯片，考虑只展示图片，记住你是在讲故事，而不是讲课。略过文本块和项目符号，只保留能增加趣味的图片等。精心穿戴，可以戴礼帽，穿制服；唱一首歌，弹弹吉他，展示你的奖杯和你爱的人，把你的故事在生活中呈现出来。

12.改变你演讲的方式：像日常交谈一样演讲。琢磨一下语气、节奏和音量，娓娓道来式的交谈通常要比口若悬河的演说效果好。用沉默、停顿和提问来增加戏剧性效果。你带给听众的不只是一次演讲，而是一种体验；不是一场讲座，而是一个故事。

13.忽略自我：避免吹嘘，避免呈现受害者情绪（"我真惨"），避免出现具有干扰性的习惯动作（摇晃身体、坐立不安），避免使用术语——这会相当乏味。一场成功的演讲与你看起来是否聪明毫无关系，当然，要有品位。总之，做真实的自己，同时保持良好的判断力。

以上建议固然有效，完美的方案却并不存在。将这些建议当作指南，找到适合自己的节奏。最关键的是准备和练习，这会让你更放松，更享受讲述故事的过程。

讲述你的故事至关重要，关于这一点，我希望自己已经成功说服了你。但在上台之前，你还要弄清楚自己目前的状态。要想做到这一点，你要好好审视自己——审视自身与目前整体状态的深度与广度。这样，你将达到一个全新的理解层次与意识高度。而这，就是下一部分的主题。

问题三　你的自我意识有多强?

我们是不是都认为自己最了解自己?嗯……也许,大概,是的。不过,请允许我在这里小小反驳一下。想象你最好的朋友描述你,之后是你的妈妈,今早被你开车挡道的那个人,你的老板,邻居,团队中不喜欢你的同事,医院中照顾你的护士,同学,最好的朋友,最大的敌人……

这些人会讲述不同的关于你的故事。这是否意味着有些故事是不真实或不准确的呢?又或许,它们的确共同构成了你的故事?

还记得上一次你做决定,列出所有原因支持自己的决定,却忽视了它们的不合理之处吗?还记得上一次你描述发生的事时,添油加醋增强故事的效果吗?还记得曾有人用完全错误的方式来描述你吗?还记得上一次你认定某件事,结果却是全然误判吗?还记得上次你脱口而出的是个借口而非事实(我没做到,因为……)吗?又或者你将责任归咎于某人或某事,因为转移了过错,你就不必负责。

明白我的意思了吗？出于种种原因，我们常常会将事情"歪曲"一点。这是一种自我保护，我们喜欢待在舒适区里，我们并不愿意改变——尤其不愿意改变一直以来深信不疑的观念。儿时他人的一句评论也许会永久影响我们的思维，而这句评论很有可能是错误的！

我们只是凡人

我们误判过很多问题，却依然坚信我们的认识是事实、真相。因此，无论是生活还是世界，我们都与之充满了分歧。

摆脱自己预设的"真相"，接纳真正的真相，是相当困难的。心理学家告诉我们，我们需要理清关于自己的真相和自我意识，从而改变、完善自我。

自我意识是情商的重要组成部分，是比智商更关键的成功指标。尝试学习本部分的课程，实现你所期盼生活的可能性会大大提高。

丹尼尔·戈尔曼于1998年进行的研究表明，在区分优秀领导者和普通领导者的标准方面，情商所占的比重高达80%~90%。这个研究结果表明，聪明（智商高）是很大的优势，但对于优秀的领导者等成功者来说，还远远不够。

高情商行为表现为以下几项。

◇能够识别并理解自身的情绪、情感与动机，及其对他人的影响。

◇能够控制或疏导破坏性的冲动与情绪，做到思考之后再采取行动。

◇热衷于为金钱或地位之外的因素工作，往往精力充沛、锲而不舍地追求更高层次的目标。

◇能够理解他人的情绪构成，善于根据他人的情绪（而不是他们所说的话）来对待他人。

◇善于建立人际网络，找到共同点，建立和谐的人际关系，发现与人交往中"轻松的一面"；拥有享受工作与生活的能力及愿望，愿意成为一个丰富有趣、值得信赖、令人敬佩的人。

情绪健康的人了解自己。他们了解自己的需要，也了解自己对于他人的影响。

那么，什么是高情商行为的先决条件呢？

自我意识。

要知道，通过学习高情商人的行为，你的情商是可以提高的。第一步，要建立自我意识：知道你当下的状态，明确你需要学习或改变的技能。你会发现，以下的问题在"我是……"式陈述活动中"步骤二"的基础上有所推进。这些问题看起来有些烧脑，甚至包含哲学的意味，事实上并非如此。这些问题是我在培训课中始终关注的问题。

如果你无法坦诚、明确地回答这些问题，他人对你的了解就会受限。最关键的是，你将很难在随后的步骤中获得支持。所以，在这里暂停思考片刻，效果会在随后显现出来。

◇你了解自己什么？

◇你不了解自己什么？

◇别人了解你什么？

◇别人不了解你什么？

◇你希望别人了解你什么？

想一想：在工作中，在家里，在社会中，你到底是谁？借这个机会坦诚而全面地认识自己。尽可能多地收集信息，从而完善自我意识；明确是什么让你与众不同，又是什么让你独一无二。

偏见

为何偏见会在很大程度上影响我们的状态？如果你对理论感兴趣，以下是我团队中培训师的部分理解。

自我中心偏见（也称为"验证性偏见"），指无论信息是否合乎事实，人们都偏好支持自己先验观念的倾向。人们会选择性地搜集证据、回忆信息，并进行片面的诠释。让我们稍停片刻。假如你对这一点有所怀疑，那么本书的这一部分内容恰好解释了你为什么会产生这样的想法。

在涉及重要的情感问题及根深蒂固的观念时，这种偏见尤其容易产生。在信息爆炸的时代，当人们面对具有争议性的问题时，往往只愿意浏览与自己立场相同的资料。毫无疑问，他们完全清楚对立观点的存在，但他们只接受能够支持自己固有观念的信息，同时将模棱两可的内容解读为支持个人立场的证据。

片面搜集、解读、回忆的过程有以下特点。

◇立场分化——各方即使面对相同的证据，也依然存在巨大的分歧。

◇信念固着——相关证据已证实观点错误，仍固执己见。

◇非理性首因效应——较先输入的信息影响权重较大。

◇错觉相关——错误地认为两个事件或状况之间存在关联。

研究表明，人们倾向于强化自己的固有观念（挑战固有观念是件麻烦事）。我们倾向于片面地解读某一观点，只关注一种可能性，而忽略其言外之意。在多种因素的共同影响下，这种决策方式很可能会导致最终的结论发生偏差。

偏见产生的原因包括抱有一厢情愿式的希望，以及人类信息处理能力有限。还有一种说法，验证性偏见产生的原因是人们过于主观地评估犯错的代价，而并非客观地进行调查。

验证性偏见导致人们对个人观点过度自信，即使面对反驳，仍可能维持甚至强化这一局限性思维及错误观念。

假如有人用自大、固执等词来形容你，不妨重读一下本部分。你并非总是正确的，况且，正确与否真的那么重要吗？稍后，我们将讨论如何理智地面对冲突。

惯性思维

惯性思维，就是你一直持有，并将继续持有的想法。千万不要低估惯性思维的力量，我们的思维方式决定了我们思考、感受、行为、与他人互动、工作及生活的方式。

因此，你要了解自己的观念——它们从何而来，因何而来？还要反问自己：它们是你真正的想法吗？抑或只是你的主观臆断？

敞开你的心灵，迎接其他可能性以及他人眼中的"真相"。打开一条通道，容纳坦诚、透明，接受真实的反馈与诉求。将新的自我认知融入思维系统，并付诸行动。

✍️ 活动

你目前持有的（关于自己的）哪些观念可能不正确？

_____

_____

_____

他人可能对你有什么错误或不准确的看法？

_____

_____

_____

你目前持有的哪些观念可能限制了你？例如，任何以"我不能……""我不会……""我不应该……""我不善于……""我一直……""我绝不……"开始的自言自语。

关于你对他人的影响，你做了哪些臆断？

你是如何意识到自己错误或不准确看法的？

你的哪些观念对自己有益？

你的哪些观念阻碍了成功?

_____

_____

_____

以上哪些观念是惯性思维的结果?

_____

_____

_____

_____

价值观

价值观是你的行为准则或标准,是你对重大选择的判断。因此,你的价值观是你人生故事的重要组成部分。

与思维方式一样,价值观在早年就已基本成形,此后不断完善和重塑。价值观影响你的观念、感受、联想、解读、决定及反应的方式。你的价值观与工作、生活方式之间的错位会引发压力与不满。

价值观通常与目标感相关联。想想你生活中发生的冲突,很可能就是价值观冲突的结果。我们的价值观在每一次互动、决定与交往中体现。你了解自己的价值观吗?

✍️活动

你最看重什么？什么对你来说最重要？

在列表中勾出最能代表你个人核心价值观的五个词。该列表并不全面，可添加其他你认为非常重要的词。

☐ 成就	☐ 优秀	☐ 创新
☐ 责任	☐ 公平	☐ 所有权
☐ 感恩	☐ 信仰	☐ 参与
☐ 冒险	☐ 专注	☐ 激情
☐ 真诚	☐ 自由	☐ 平静
☐ 优雅	☐ 乐趣	☐ 事业
☐ 大胆	☐ 成长	☐ 毅力
☐ 挑战	☐ 幸福	☐ 效率
☐ 协作	☐ 健康	☐ 认可
☐ 承诺	☐ 诚实	☐ 情感
☐ 团队	☐ 幽默	☐ 尊重
☐ 友谊	☐ 想象力	☐ 浪漫
☐ 隐私	☐ 独立	☐ 安全感
☐ 社会关系	☐ 正义	☐ 自我表达
☐ 贡献	☐ 知识	☐ 敏感
☐ 创造性	☐ 学习	☐ 精神
☐ 好奇心	☐ 亲情	☐ 成功
☐ 直率	☐ 自尊	☐ 成名
☐ 探索	☐ 子女	☐ 传统
☐ 高效	☐ 秩序	☐ 信任
☐ 自信	☐ 平等	☐ 获胜

现在思考一下你特定的价值观来自哪里，是如何形成的。童年时期谁对你的影响最深？哪些观念支撑着你的价值观？这些观念是错误的吗？你愿意按照不同的价值观生活吗？如果愿意，你需要如何改变？

价值观好比指纹，每个人的都不同，而你所做的每件事都会留下它的印迹。

批判性地反思一下：你的生活方式是否符合这些核心价值观？譬如，倘若你把家庭放在首位，你是否身体力行，留给家人最好的一面？如果健康是你的头等大事，那你是否做到了好好吃饭、睡觉、锻炼，照顾好了自己？

重要的是，你还要同样注意对你来说最不重要的价值观。你可以在上面的列表中将这五个词画上下划线。

别搞砸！自我破坏屡见不鲜！

客户一踏入我的培训室大门，我就会看到一些共同的行为模式。毋庸置疑，这些行为会阻碍他们成功。

你是一个复杂的人，很容易做出脑子进水的决定（没错，此处有笑声）。当然，你完全有权利犯错而且拒不改正。但据我观察，当我们感到压力时，往往会选择某些共同的行为模式。回想一下你的过去，是什么原因导致事情出错？有些因素固然是不可抗的，但我们思考、行动、感受及决定的方式始终掌握在自己手中。

行为模式很难改变，但具备自我意识，并能捕捉当下的自我意识，意味着你正向积极的改变方向迈进。假使你能够意识到自己准备放弃时的行为与所处环境，将更有可能做出不同的选择。

重申一下，这里讲的是自我破坏。你当然可以犯错，这说明你在尝试新事物，并有学习的机会。

以下是最需要注意并避免的15条"我要破坏自己"的行为。

1.**取悦他人**——让人筋疲力尽，而且收效甚微。

2.**与能量吸血鬼为伍**——他们会吸干你的生命。

3.**思虑过度**——不会有结果。

4.**听从内心的魔鬼**——以天使取而代之。

5.**基于恐惧做决定**——克服恐惧，快乐就在彼岸。

6.**活在过去**——那一章已经翻篇，该开始新一章了。

7.**为他人牺牲你的价值观**——这是你的生活，要以你的选择为首。

8.**将自己与他人比较**——欲速则不达。

9.**认为是别人使你产生某种感受**——你要对自己的感受负责。

10.**做对自己最严苛的批评家**——建设性的批评没问题，苛责自己是有问题的。

11.**从周一开始**——为什么不是今天？

12.**期望一切都改变，唯独你不变**——那一切怎么会改变?

13.**对无关紧要的事情感到内疚**——别用装模作样的内疚掩饰你的无所作为。

14.**扮演受害者**——你的遭遇并不是你生活的全部，要学会承担责任。

15.**为自己找借口**——努力行动，而不是努力找借口。

假如你一心想搞砸，那么继续做无用的事吧。如果你决心做出积极的改变，那么请花点时间，重新选择。

你就是自己新篇章的缔造者，你有权决定自己要到哪里去!

第二部分

启迪思维的问题

此时此刻，该过你向往的生活了。

——亨利·詹姆斯

现在，集中注意力，拿起一支笔，对自己负责的时刻到了。你绝不会后悔为修正自己所付出的时间。

请将本书的第二部分当成私人培训课程，你将读到有关"启迪思维的问题"的内容，共包含二十个主题。这些是我作为成功学培训师二十年来反复探讨的热门主题——毫无疑问，只要我还做这行，就会继续探讨下去！

主题一　成功（无论它意味着什么）

成功的秘诀就三个字——动手做！

——丽萨·斯蒂芬森

你会发现，本书自始至终都要求你不断思考并付诸行动。

你要思考的一个重要的问题是，"成功"对你来说意味着什么。成功在不同的时期对我们每个人具有不同的内涵。有些人从没感受到成功；有些人非常清楚自己想要什么，渴望取得成功。简而言之，我们要为自己的目标构建愿景，这一点十分重要。

你在思考的时候，会注意到书上有许多空白处供你记录想法。回顾这些问题，在空白处写下你的想法。没有笔吗？不知道写什么？别这样——成功的秘诀是什么？动手做！

不必纠结成功之类的词语应该是什么含义，更不必理会其他人对成功的理解。你只需深入思考：你到底想要什么？你想要健康、富有、幸福，抑或只是想换个职业、开始或结束一段关系呢？说得再具体一点：你想从成功中得到什么？

也许你正考虑开展一项新业务，或者为升职做准备；也许你想开展一场大冒险；也许你打算回去做点研究；也许你只想做点小事——一些能真正改变生活方式的小事。

对有些人来说，成功就是一周锻炼两次，能够支付账单；对有些人来说，成功是每年跑一场马拉松，拥有一段亲密无间的关系。

在此，我必须提醒你思考片刻：你是如何看待成功与物质之间的关系的？常常有人将成功与大量的金钱、优越的生活相提并论。假如你在豪华游艇上却孤身一人，能有多快乐？同样不能忽视的是，在你获得成功之前，当下的你在生活中也要很快乐。在改变的过程中，与至关重要的人紧密联系，完善自己，将时间、精力投入到梦想、规划和改变中去，是你应该很享受的过程。我确信，生活中最成功的人，一定在很久以前就对成功的形态与感受有过十分清晰的设想。

撰写本书之时，关于成功我思考了很多。我认为成功与我遇到问题时的韧性及适应力密不可分。我爱的人能从我这里得偿所愿，会让我感到成功；学习、进步、迈出舒适区、规划并付诸行动，会让我感到更加成功。

我衡量成功的另一个标准是人们对我的信任度，所以，我言出必行。成功也可以是自己付得起账单，能出门旅行。我问12岁的儿子他觉得什么是成功，他回答说："妈妈，成功就是在橄榄球比赛中接住球的感觉。"我很高兴他把成功理解为一种体验与感觉，而非一件具体的事。

不要害怕出色

才华横溢的畅销书作家、心灵导师玛丽安·威廉姆森曾在书中写道：

"我们最深的恐惧不是我们不够好，而是我们的能力无法估量。最让我们害怕的并非我们的黑暗，而是我们的光明。我们问自己：'我怎么可能聪慧、漂亮、才华横溢、出类拔萃？'事实上，你怎么不可能呢？你的妄自菲薄不会给这个世界带来任何好处。"

威廉姆森认为，用自我贬低的方法令周围的人感觉舒适，并不会给你带来任何益处。她觉得人们应该像孩子一样自带光芒："这种现象不是存在于部分人身上，而是存在于每个人身上。"

成功的底线

不要妄自菲薄。

定义我们自己理解的成功。

不要等待合适的时机或情境。

发掘我们潜能的时刻到了。

变得出色的时刻到了——大放异彩吧！

未来在召唤。

做一个决断、坚定、勇敢的人。

指导性问题

1.成功等同于幸福吗？

2.我能快乐却不成功吗？

3.我能成功却不快乐吗？

4.我什么时候觉得最成功？

5.对我来说，成功是什么样子的？

6.我怎么知道自己是否过上了最成功的生活？

7.我如何告诉他人成功对我意味着什么？

8.我可以具体写一写我在获得自己定义的成功时，正在做什么吗？（现在就写下来！）

9.谁会在我身边陪我走向成功？

主题二 世事难料

生活主要取决于我们如何处理出现的问题。

——丽萨·斯蒂芬森

我时常听到人们说"这不在我的计划之内""我从没想到会这样""我不知道该怎么办""我感觉自己被眼下的问题难住了"。

我没见过有人打算在结婚那天离婚，没见过谁规划一套体重超标的方案，也没遇到过谁期待被解雇，或有个生病的孩子。几乎所有人这辈子都要经历心碎、痛苦、亲人离世，以及计划之外的事件。

我们可以把这些遭遇视为学习的机会，但这么一说大概就变成了絮絮叨叨的励志说教。

或者，我们只不过需要写一篇向前走的新计划。别想太多，你可以随时充实它。这个计划不需要十分完善，把它当成头脑风暴的产物。最关键的是迈出第一步，开始行动。

那么，在你制定全新而具体、可以实现的计划之前，需要注意什么呢？

现在开始记笔记——在书上随意记录，或者找个笔记本。

指导性问题

1.我知道自己真正想要什么吗？

2.如果我相信自己、支持自己，并愿意花费时间，我会做什么决定？

3.对我来说，现在什么最具有可能性（从大局着眼，循序渐进）？

4.我的首要任务是什么？

5.我能立即执行什么？

6.我知道自己需要改变什么吗？

7.我能控制什么？我需要放下什么？

8.当我制定并执行这个计划时，是否会变得更好？

9.什么事是我一直想做却没有做的？

10.我的计划是否反映了我的激情、优点和价值观？

有趣的是，我们仍然在做一些自己明知毫无益处却不得不做的事情。这样的问题令人灰心丧气，像个受害者。以我个人经验来说，要尽快摆脱这些事，继续下去是不会有结果的。

✍建议

注意你的精力投入到了哪里，如果以下问题不断出现，你要开始警惕了，因为这些问题毫无意义。

· 为什么会发生在我身上？

· 我做错了什么？

· 还会再次发生吗？

· 为什么生活如此不公？

✍活动

写下想要改变的事——你要停止、开始和继续的几件具体的事。

确定要创造什么：你眼中成功的形态与感受。

目前遇到的障碍：识别障碍，并确定克服障碍的方法。

简述你决定做什么、如何度过困难时期、绝不妥协什么，即你的底线和原则。

我的计划

_____

_____

_____

_____

主题三　规划自己的生活是最重要的项目

这个世界上遍地都是虎头蛇尾的人，当个特例吧！

——丽萨·斯蒂芬森

想象一下，如果我们把规划生活当成最重要的项目来对待，会有怎样的结果。我们看到，当高潜力员工在工作中规划项目时，会花费大量时间思考渴望实现的目标。他们会全面利用所有可用数据，咨询专家并识别机会；他们会进行风险评估，在实施之前做出慎重的战略决定；他们会一面推进，一面回顾审查，始终全力以赴。

我知道，这个过程似乎很枯燥，但问题是，如果你规划自己的生活像完成专业项目一样用心，结果将令你吃惊。本书的目标就是帮助你做到这一点，让你的生活成为最重要的项目。投资你自己，这将是你一生中最重要的投资项目。

第一次想到这一点时，我茅塞顿开，于是认认真真地做了一幅拼贴画。一个战略计划听起来固然有新意，但这幅拼贴画展示了我所有想要设计、践行以及实现的东西——我需要一个

"生活计划"的视觉形态。在此，我将这个项目的要素分享给读者。

◇我想有一天给孩子买一所房子。

◇我梦想买一个沙滩小木屋。

◇我特别想和家人一起去意大利旅游。

◇我希望拥有一家独立运营的公司，做有意义的工作——这在我个人定义的成功中至关重要。

◇我知道自己新生活的核心是拥有健康的身心。

既然有了视觉形象，我便开始把实现计划所要做的事情精确地写下来。我详尽地描述了每件事，从向谁咨询建议，到执行计划的时间表。我把计划拿给别人看，征求大家的意见。随着计划的推进，我会根据实际状况随时调整。这就是我的项目。若干年过去了，我仍在与我的客户们探讨"如何制定生活计划"这个话题。

所以，泡杯茶（或倒杯酒），拿出记事本，现在就投入一点时间，审视一下你此刻的生活吧。

制定计划前你要理清你想要什么及其理由。有的人称之为"目的"；有些人只是问："什么令你快乐？"别把问题搞得太复杂，写下你的目标（假如在上一主题中没写），不断充实笔记，这就够了。我会问一些重复的问题，因为随着理解的深入，你也许会给出不同的答案。

指导性问题

1.我的目标是什么？它们足够具体吗？它们足够有深度且有意义吗？

2.我知道要制定什么样的时间表了吗？（实际些）

3.我还需要让谁参与/咨询谁？我需要什么样的支持？

4.什么有可能阻碍我成功？

5.我知道什么事会很难？

6.我今天可以开始做什么？

7.我还有什么没考虑到的地方？

8.我现在身边有哪些机会？

9.我对完成目标有多大决心？

10.我该如何对想做的事负责？

11.我的目标在经济上、情感上、身体上对我有什么要求？

12.我准备做出哪些妥协？

主题四　做必须要做的事

开始做必要之事，然后做可能之事，突然之间你已在做不可能之事。

——亚西西的圣方济各

生活顺利之时，精彩很容易。那么生活艰难之时呢？我们在经受重大考验的时刻，却往往需要表现得更加坚强，这似乎并不公平。但这就是现实，让我们坦然接受吧。

在这个快节奏的时代，我们急于开始做各种各样的事：我们开始节食，开始锻炼，开始新的关系，开始学习，开始创业，开始变得更友善，开始写一本书……但是，有多少人完成了这些"开始"的事呢？

"成年人不善于改变。"

"我们不喜欢这样做。"

"这不舒服。"

"这很讨厌。"

保持不变更容易，所以，我要在这里挑战你。

做必须要做的事，意味着即使不愿意做，也要行动起来。即便"我太累了""天太热了""我不想动""我的孩子昨晚因胃炎吐个不停"，我还得去做。

成功的人愿意做他人不愿做的事。

成功的人和所有普通人一样，有许多事不明白，在前行的路上也遇到了很多障碍。然而他们之所以能够成功，是因为他们不等待、不屈服，愿意做他人不愿做的事。

当我们做必须要做的事时，会得到我所谓的"量变的进展"。假使你每天都朝目标迈进一步，你会发现自己在慢慢地学习、成长和进步。

我和我的一个作家朋友有过一次相当有趣的对话。我记得自己兴奋地对他脱口而出："我要写一本书，这会特别有意思。""也不尽然。"他回答。

他简要介绍了撰写一本书的过程：夜以继日地思索、修改，眼睛疲劳干涩；构思时对内容烂熟于心，一下笔却完全想不起来是否写过，在哪里写过，最后只好重写一遍；校对的时候，又不记得是否在其他章节写过同样的内容。

这件滑稽事让我忍俊不禁。跟他交谈之后，我明白了在写作的过程中，会错过电视节目，会殚精竭虑，会熬夜沮丧，但也会体验到难以言喻的快乐与满足。

最后他看着我，问道："写一本书必须要做的事，你真的愿意做吗？"印象中我回答道："嗯，我得考虑一下。"我的确考虑了，所以，现在你看到了我的成果。

不时有客户告诉我，他们想要创业，用自己所有的经验创办一家属于自己的公司。太棒了！但你知道我随后问了他们什么吗？（此处有微笑）我问："你知道这样做的代价吗？你愿意去做必须要做的事吗？"很遗憾，有时答案是否定的。以下问题将帮助你思考。

指导性问题

1.我有多大决心？用1到10分来评估。

2.获得成功要做的事，我真的愿意做吗？

3.我会每天都坚持做吗？

4.我是否会让其他人参与，督促我承担责任？

5.我能设想并描述成功的样子吗？

6.我有坚定的决心来做必要的改变吗？

7.我有适宜的策略来创造动力吗？

8.我做了这些必须要做的事会产生什么后果？

9.这和我的人生计划有什么关系？

10.如果这件事成功了，我会有怎样的感觉？

11.如果我把这件事放下，会怎么样？

主题五　摒弃

任何人都不可能学习自以为已经知道的事。

——爱比克泰德

没错，"摒弃习得"相当重要。

据说，同一种想法产生六次，就会成为你的信念。我知道这样说有点简单粗暴，但重点是，你一旦相信某事，大脑就会找寻证据来证明你是对的——第一部分中的"自我中心偏见"就是一个例子。我们的习惯性认知和大脑为我们寻找的"证据"，构成了我们的现实生活及其生存法则。

更为严重的是，研究表明我们今天95%的想法，明天还会出现。因此，我们每天都在持续性、习惯性地收集证据，来证实此前的认知。其中某些认知可以追溯到童年早期。

你知道自己可能连洗澡都有个固定程序吗？我们每天上班会走最快的路线，我们常常吸引与自己想法一致的朋友。成年的我们如此执着于保持正确，儿童却相当擅长习得与摒弃习得。结果通常是，有些事我们自认为理所当然，事实却并非如此！

当下繁忙的生活让我们没有足够的时间去思考这些问题。但既然你有了这本书并且读到了这里，我们现在就来想想吧！

太棒了！我又来挑战你了！

我们总认为自己的观念是正确的。

你需要摒弃什么？你的许多想法和行为，很有可能对你无益——无论对你的现在还是未来。你的某些观念是错误的，这些观念会限制你考虑所有"我不能/不愿意"的想法，以及所有"我不擅长""我就这样"的自我判断。

此刻，请找回童年的自己，那时你还是一张白纸，思维未受限制；你觉得自己无所不能，世界如此之大、如此诱人，你想去看看，想去体验。回到从前，那时的你，是一块如饥似渴的海绵，对学习抱有强烈的乐趣。你学骑自行车，养蝌蚪，去新的地方；每一天问十万个为什么，学到十万个新东西。

或者，找回少年时代那个叛逆的自己。还记得那时你质疑一切，仅仅为反对而反对吗？那时的你，第一选择是摆脱规则、拒绝他人对你的评判，按照自己的方式来体验生活。记得你的那些冒险吗？

又或者，回到你第一次疯狂而幸福的恋爱时光。那时的你相信世上所有的美好，相信爱与幸福是你值得拥有的归宿。

就让自己再回去一次吧。质疑所有你现在自以为知道的事情，问一连串的"为什么"，想想别人的看法，读一本书，多倾听，反思你坚守的信念。很多年前，你从父母、老师、同事还有其他人那里学到的东西，已经在思维中根深蒂固，你甚至根本意识不到它们对你今天的决策和人际关系产生了多大的影响。

指导性问题

1.我的哪些看法可能是错误的？

2.我的哪些习惯性想法可能对我无益？

3.我是否因为别人对我的评价（或自我评价）太严苛而低估了自己？

4.成年后，我学到的哪些策略的确毫无作用？

5.哪些负面或限制性的看法来自别人，而我从未质疑、反思或重新评估过？

6.我是否随随便便地陷入了一种"氛围"——一种行为与存在的方式？

7.我上一次产生从未有过的全新想法是什么时候？

8.我最近有没有想到过一个我的确不知道答案的问题？

9.我是否对自己现在是谁、还需要学习什么承担了责任？

10.还有什么方式可以帮我练习"摒弃"？

11.其他人会如何回答这些问题？

12.我应该摒弃什么？

主题六　动力与决心

动力产生于内心，却稍纵即逝；决心令你坚持，即使前方艰险。

——丽萨·斯蒂芬森

这个话题让人心烦，但请别走开。许多人从小就知道"动力"这个词的各种积极内涵。励志演说家很了不起，成功的人都拥有很强的动力，自勉是一种优势。

我曾读过一本专门讨论动力的书，我不想给大家泼冷水，但这些年来成功学培训的经验证明，动力确实是会消退的。

有多少人周一早上才开始节食，周三就因为饥饿吃了四片花生酱面包？有多少人发誓要与上级谈谈升职的事，结果仅仅因为经理看起来太忙就退缩了？

成功的决定性因素是决心而非动力。即使我们吃了面包，违反了自己不吃碳水化合物的规定；即使由于拖延，推迟一天见经理，我们还是会振作起来，坚持完成原定的计划。我们决心实现最终的目标，并持之以恒地付出努力。

有个客户震撼了我。他叫达雷尔，在新西兰的一个小镇长大。童年时期，他是一个患有阅读障碍症的小男孩。长大后他竟自学了游泳，完成了无数次铁人三项比赛。

是的，他决定到海湾自学自由泳。当然，他有强大的动力，但让他获得成功的决定性因素是他坚定的决心。

如果训练计划让他错过了周日早上和孩子们一起起床，他会另外找时间弥补。即使天气不好，他也依然坚持跑步、游泳、骑行。他的肌肉会酸痛，大脑会尖叫着让他停下来，但实现最终目标的决心使他保持专注。动力消退后，愿景和完成训练计划的决心让他坚持不懈。他知道自己的原则底线，知道自己需要做什么才能成功，所以他做到了。达雷尔从没有跟我提过动力，他只谈了他的决心。

动力是一种感觉，决心是一种心态。

无论你想做与否，决心意味着你必须要做。动力消退后，是决心让你对自己负责。

现在，想想你真正下决心做一件事的时候，取得了什么成果。

反思你始终在做的事。

拍拍自己的肩膀，安慰一下自己，然后回答下面的问题。

指导性问题

1.我上一次成功是什么时候？当时我做了什么？

2.我曾下决心做了哪些事？其中哪些成功了？

3.动力什么时候令我失望？（反思并学习）

4.我该如何在计划和思考中融入更大的决心（这样我就不会依赖动力）？

5.如果下定决心全力投入，会有什么不同？

6.我该如何寻求他人的帮助，来督促我对自己负责？

主题七　尊重未来的自己

想象力是一切，你的想象力将预演你的未来。

——阿尔伯特·爱因斯坦

我们的智慧随着年龄的增长不断增加，不敢相信十年前居然有人愿意听我演讲——那时候我的人生经验还很有限。想象一下两年后你在做什么，五年后你会懂得多少，十年后你将变得多么有智慧。所以，每当要做重大决策时，我都想知道未来那个更聪明的我会怎么做。

你能清晰地想象未来的自己吗？

作为一名成功学培训师，经验告诉我，如果我们能够想象一幅愿景，那么它实现的可能性将大大增加。我知道自己想带孩子们离开学校，去意大利旅行一段时间，我甚至可以想象并描绘在罗马醒来的感觉。我知道在实现愿景之前需要先做些什么，我知道我信任未来的自己，我知道她喜欢冒险，会实现这一切。因此早在制定好计划、筹备资金之前，我就常常谈到意大利之行。

当然，随着时间的推移，你的愿景会发展、改变。可以想想自己未来的样子，想想那个不再承受痛苦与遗憾的自己，未来的你会感谢自己现在所做的一切。

有些人拥有的知识、经验没有你丰富，却实现了你难以企及的雄心壮志，因为他们相信自己，也说服别人如此。

预测未来最好的方式是现在就去实现它。

指导性问题

1.我现在特别擅长做哪些事？

2.我人生中的哪些经验教训对现在有益？

3.我在担心什么？

4.未来的我对现在的我会有什么建议？

5.我要放下什么？

6.未来的自己会质疑什么？

7.我能想象并描述未来的自己吗？

8.我会喜欢未来的自己吗？为什么？

主题八 说"是"

确保你对别人说"是"的时候，没有对更重要的事情说"不"。

——丽萨·斯蒂芬森

每一次你说**"是"**都意味着你在对其他事情说**"不"**。这不仅仅是取悦他人的问题，也许答应这个请求意味着会获得晋升，或者帮助了真正需要帮助的人。这是个启迪思维的问题，它可以增强你的意识，让你只对有益于你的事说**"是"**。

每当有人让我讲讲时间管理问题时，我总在心里偷笑（偶尔也会笑出声来）。管理什么？你根本管理不了时间，不如考虑你将如何利用这一整天。

好比说，你对客户的晚餐说**"是"**，就是在对回家吃饭说**"不"**；你对锻炼说**"是"**，就是在对心脏病说**"不"**。

一旦明确对自己重要的事情，我们就能分清轻重缓急，有意识地将时间投入到能够有所回报、有益于我们的事情之中，比如健康、亲密关系及生活质量。

培训行业中有一个术语叫作"机会成本"。我经常问客户："你这样做的代价是什么？"这可能是经济、情感、社交乃至身体上的代价。

每当你对一件事情说**"是"**并投入时间时，你就会受到积极或消极的影响。有的影响立竿见影，有的则逐步显现。

譬如撰写这本书，我花费了250个小时。在这期间我不能和孩子们在一起，不能做其他工作，无法创造收入，无法参与社交……但我依然感觉很棒，因为我知道它将产生积极的影响。我有意识地选择让这本书成形，并乐于为此付出代价。

明确重要的事情，并对此说"是"。

当你与人交谈并打算说**"是"**时，审视一下自己，考虑这样做的代价。你准备付出这一代价吗？假如你的内心说**"不"**却感到难以启齿，想些客套话来帮助自己解围，譬如"我希望我能帮忙，可我今天的日程安排很紧张"。

好好利用时间，今天只有一次。当你明白这一点时，会更容易说**"不"**。

指导性问题

1.现在我在做我想做而且该做的事吗？

2.看一下接下来四周的日程表，我应该对什么（谁）说"不"？

3.频繁说"是"给我带来了什么后果？

4.我为什么常常无法说"不"？

5.我需要学习更多说"不"的方法吗？

6.对于我拒绝的事，有哪些我想说"是"？

7.对于我接受的事，有哪些我想说"不"？

8.怎样才能为重要的事创造更多空间？

9.从今天开始，我会更有意识地安排时间吗？

主题九　韧性决定快乐

不要用我的成功来评价我，用我跌倒又爬起来的次数评价我。

——纳尔逊·曼德拉

　　生活就像不同色调的灰，深深浅浅的变化中折射着爱、恐惧、悲伤、愤怒……生活带给我们的情感体验不一定都是快乐的，只有把酸甜苦辣通通经历一遍，我们的人生才算完整。根据我的观察，99%的成功人士都具有以下共同点（百分比是我编的，不过统计结果应该差不多）：拥有韧性且快乐。有韧性的人下落时间短，上升时间长，往往回弹得更快、更高。

更快乐的人的底线

　　有很强的重构能力：寻找积极的方面、解决方案，更好的反应，更大的格局，以及最好的出路或推进方式。

　　抛开自我，超越原本以自我为中心的"默认反应"。

　　不会长期处于受害者状态，也不会试图推卸责任或施加惩罚。

　　会感到负面情绪，但会更快地向前看。

有勇气做出自己的选择而不是随波逐流。

要对自己负责且快乐。快乐的人身边充满欢笑，很少与拖累他们的人在一起——情绪是会传染的！

对于生活中的波澜，有些人的回应更有韧性。这些人无论是身体上、情感上还是精神上，都更平和、健康，也更快乐。

我和很多人一起工作过，好消息是，快乐的人表现出来的行为与态度都是可以习得的。聪明的人把它叫作情商（第一部分讨论过）。

指导性问题

1.我能将韧性看作能习得的技能，思考如何培养韧性而不是如何变得更快乐吗？

2.如果我更有韧性，会有什么益处？

3.我愿意了解高情商人群的行为并践行吗？

4.我愿意寻找培养韧性的机会吗？

5.我愿意摒弃默认反应，关注能让我更快乐的反应吗？

6.我该如何以不同的方式思考？我该如何转变心态？

7.我该怎么做才能有积极的表现或反应？

主题十　不要妄自菲薄

你的妄自菲薄不会给这个世界带来任何好处。

——玛丽安·威廉姆森

生活可以折射出一个人的自我认知。

我一次又一次地听到人们出于谦虚而贬低自己的优势与抱负。他们不想显得傲慢自大、自吹自擂，担心树大招风。我看到有些人养成了好逸恶劳的习惯——付出不多，反复做同样的事，只是因为这样更简单；还看到有些人在柴米油盐的生活中，让自己的需求与志向退居其次。研究显示，人们60%的潜能没有得到发挥。这就意味着如果你每一天真的"在状态"，就可以表现出最好的自己，比现在更为出色。想象一下如果你下定决心，你的潜能会有多大，能够实现什么。

可能有各种各样的理由让我们做出保守的决定。有时候我们以自己的方式规避风险，有时候我们在财务上遇到了问题，有时候一段亲密关系需要更多的关注，有时候我们的自信心受到了打击。如果你读这本书是因为受够了自我贬低，那么恭喜你，你将迎来蜕变。

成功的人并不是最聪明或受教育程度最高的人，而是那些胸怀大志并付诸行动的人。张扬自我是一种存在方式，能使你的语言、选择与经历截然不同。改变至关重要，挫折不可避免，这并不容易，但绝对值得。

张扬自我的底线

对不确定和不适感说"是"。

你愿意参加生活的游戏，放手一搏，勇敢表达自己。

你将承认自己的抱负与想法，并寻找机遇。

不要等待合适或更好的时机去追求你渴望的事物——因为你的机会就是现在！

自己的选择由自己决定。去争取吧，让它成为现实。

指导性问题

1.如果我张扬自我，会有什么不同？

2.我的计划够勇敢吗？

3.未来的自己会如何评价我的人生目标？

4.我能创造哪些新的体验？

5.世界上哪些人物张扬自我？谁能启发我？

6.罗列我能做的事，哪些将成为可能？

7.罗列我最宏大的理想，哪些将成为可能？

主题十一　忙碌并不性感

小心忙碌的生活荒芜了人生。

——苏格拉底

　　这个主题是我即将写完本书时，才回过头来插入的。毕竟，我是三个孩子的单亲妈妈，有份全职工作，还要经常出差，可谓忙碌生活的专家。

　　每天，我总有那么多的事要做：写电子邮件、打电话、支付账单、组织工作、服务客户、见会计、接送孩子、见朋友、安排外包、咨询事务、学习中国功夫、锻炼身体、购物……这还没提每周要洗一大堆衣服。

　　所以，我确实很忙。

　　一直以来，我们把"忙碌"当成衡量生活是否充实，对工作与家庭是否全心全意的标准。忙碌不知不觉增添了一种神秘的色彩，令人向往。"你最近怎么样？""哦，我太忙了。""真的吗？太好了。忙碌总比无聊好。"（等一下，我已经不记得上次感到无聊是什么时候了，这听起来真棒）。

问题是，忙碌只是压力的另一种表现。当我们忙到不可开交、竭尽全力而没有时间思考或放松时，"忙碌"就会对我们的身体产生负面影响。

忙碌是一种补偿性、回应性的状态，但我们可以主动调整自己的状态，选择享受忙碌、迎接挑战，当然，也可以选择拒绝。

我们可以照顾自己，调整节奏，分配任务，寻求帮助；可以优先安排重要的事情，放弃不擅长或不喜欢的事；也可以换种方式，巧妙且轻松地完成工作；还可以为他人创造空间，放松并享受生活的乐趣。

事实上，大多数我指导过的高绩效者从不会没有时间参加培训。他们从不会因为忙碌而忽略他们认为重要的事，他们的词典中没有"忙碌"一词，这并不是他们谈论的话题。

忙碌的底线

"忙碌"这个词告诉我们的大脑要保持紧张戒备。

尽量将它从你的词典中抠掉。

✍️活动

将年龄乘以365——这是当前你以天为单位的年龄。

用27375减去这个数字——这是你目前距离平均寿命所剩的天数。

假如你始终如此忙碌，你会错过什么？

珍惜每一天。

指导性问题

1.我需要重新调整自己的忙碌状态吗？我是否对忙碌感到满意？

2.我说（或抱怨）"我很忙"的频率有多高？

3.当我想到自己有多忙时，会感到心率加速吗？

4.忙碌会影响我的睡眠吗？

5.忙碌令我不堪重负吗？

6.我是否因忙碌而产生无力感，好像一切都失控了？

7.我愿意改变自己消极忙碌的状态吗？

8.我愿意中止、退出、拒绝，尽管这会惹恼别人吗？

9.我可以采取什么策略来创造空间、保持宁静和平衡？

10.我可以采取什么策略来管理工作？

11.如果我不再忙碌，会发生什么？

"
不要说你的时间不够。比起海伦·凯勒、路易斯·巴斯德、米开朗琪罗、特蕾莎修女、列奥纳多·达·芬奇、托马斯·杰斐逊和阿尔伯特·爱因斯坦，你每天的时间非常充裕。

——杰克逊·布朗

主题十二　选择你的冲突

不要让无关紧要的事情分散你的精力。

——丽萨·斯蒂芬森

生活的压力引发愤怒与攻击，伤害性事件由此产生，"路怒症""饿怒症"等词语的出现就是很好的例子。愤怒是一种正常的人类情绪，能帮我们达到对抗、逃避等目的。

然而，如果你用对抗来面对愤怒，你会感到筋疲力尽。冲突的内涵除了包括暴力、辱骂、指责或当面攻击，还包括消极对抗。这是表达愤怒更为狡猾的方式，如生闷气、挖苦、回避互动、轻度敌意、孤立或暗算对方。

请允许我在这里聊点私事。我年轻时，妈妈常常会平静地对我重复以下的话：

"你的朋友跳崖，你也跟着跳吗？"

"你是成年人，做点成年人该做的事吧。"

"这难道重要吗？"

"这跟你有关系吗？"

"关键问题在哪儿？"

"睡一觉，明天早上或许就想清楚了。"

她选择（与我的）冲突，也鼓励我选择（与任何人的）冲突。她告诉我，有时我们需要巧妙地（而非攻击性地）选择冲突，但有时冷静片刻（而非郁结），顺其自然（镇定下来），事情也能得以解决，或者更易于解决。

有的时候，我选择平和。

冲突消耗我们的能量。假使我们一直选择对抗，就会把精力耗费在无意义的事情上，被消极情绪控制；会为"赢"不惜付出任何代价；会被遮蔽双眼，看不到自己真正想要的东西。

作为母亲，我常说："选择你的冲突。"身为培训师，假如客户需要决定精力的最佳投入方向，我也会这么说。为了节省精力，我不断地提醒自己这一点。对，我现在也跟我的孩子讲"跳崖"！

选择你的冲突，管理你对事件的认知。退一步，从合理的视角看待问题，并在需要时选择回应。此外，培养相关技能，适时有效地坚持主张，必要时，能够在冲突中占据优势。

有意识地选择值得冲突的事件、你想要的状态及理想的生活方式。你的今天只有一次，所以，保持头脑清醒、身体平静，并选择冲突。我也对自己的孩子说："有时，友善比正确更重要。"

冲突的底线

请不要将此作为逃避责任的借口。选择冲突并不代表被动与淡漠，相反，这意味着你领悟了什么重要、什么值得抗争；意味着你回首往事时，能为自己的处世方式感到骄傲；意味着不会把精力浪费在无法控制的事情上，拥有高情商的生活。你可以这样判断自己的选择：一年后你是否还在意这场冲突。确定你为何抗争，以你的价值观为决策的指南，并始终做出正确的选择。

你是否注意到，有些人身上总是循环往复地发生着戏剧性事件？有些人永远是"受害者"，不断寻求支持来对抗"敌人"？这是他们从消极中吸取能量的缘故。我绝不会对抗与自己渴望的生活方式无关的事件，也绝不会与传播负能量的人浪费时间。照顾好自己，你才是自己最重要的项目。

指导性问题

1.生活中是否有些冲突并不值得我耗费时间和精力？

2.我可以或应该退出哪些冲突？

3.如果我放弃这场冲突，会怎样？

4.我应该参与哪些冲突？

5.这场冲突对我、我的未来到底有多重要？

6.我需要赢吗？参与这场冲突有什么好处？

7.如果我参与这场冲突，代价是什么？

8.为了在冲突发生时有效管理自己，我需要学习哪些技能？

9.我是否在挑选合理的冲突，进行有益的抗争？当回首往事时，我会为自己感到骄傲吗？我是在帮助未来的自己吗？

主题十三　意大利的邂逅

有的时候，我觉得自己是一个被困在澳大利亚人皮囊里的意大利人。

——丽萨·斯蒂芬森

四十多岁依然可以很酷，这是我做过的最酷的事情。我希望你因此受到鼓舞，去践行一直以来的梦想。我们的能力比自己想象中要强，只要你有梦想，就能做到，所以去实现它吧，追求你真正想要的。你不会后悔在生活中做过的事，而会后悔你没做过的事。

整整一个学期，我带着三个孩子离开学校，去意大利生活。出发之前，我们上了意大利语课，此后的三个月，我们彻底沉浸在意大利文化之中。我们天天吃比萨饼和意大利冰激凌，晚上通常睡得很晚，不到22点不吃晚饭。三个月来，我每天都和孩子们一起睡到自然醒——这真是莫大的幸福，因为"正常"的生活需要我出门远行。

我们错过火车，迷失方向，经历了地震。我们坐在比萨斜塔的顶端，在斗兽场里想象老虎的咆哮，在威尼斯乘坐"独木舟"（梅布尔对贡多拉的称呼），在卡普里岛坐缆车到达山顶，深夜11点在科莫湖上滑冰。我们在佛罗伦萨躲过了暴乱，在托斯卡纳朝着给15岁儿子倒酒的服务员放声大笑。我们在城堡里吃晚饭，和当地人用手势交谈。妇女们手工制作意大利面的过程叫人百看不厌，五渔村美轮美奂的色彩带我回到了梦中的天堂。

必须要澄清，我在那里并未邂逅一位叫乔瓦尼的意大利男子。想想吧，这是一次拖着三个孩子的旅行。在科莫湖倒真有一个男人送了一杯饮料到我桌上，几分钟之后他的妻子坐在了他旁边。这太过分了！不过这的确是个茶余饭后的笑料。

我故事里的这一部分内容具有决定性意义，这是在对整个世界说——滚蛋吧。尽管这个世界丢给我一大堆麻烦，但我还是会做个热爱生活的人。从蜷缩成一团喝着闷酒自我疗伤，到体验各种奇妙的冒险，这很不可思议，不是吗？意大利之旅一直给我启迪，它带给我和孩子们的体验如此宝贵，我们几乎记不起任何不快的回忆。

有趣的是，人们对这个故事的回应经常是："我永远也做不到。"这次旅行确实需要规划，我必须确保公司在我离开后能够正常运转。旅行的花费并不像想象的那么高，这一点很棒。

我们通过爱彼迎预订宾馆，乘火车旅行。比萨饼很便宜，有时候晚餐吃新鲜的奶酪面包配罗勒番茄沙拉。散步、观光并不需要花多少钱。

只要我们确定去意大利，事情总有办法解决，家人、朋友在我们离开期间会健康快乐，我的生意能维持下去。一旦决定大体成形，细节便会逐步落实。

朋友们觉得我一个人带三个孩子旅行太疯狂了。你们觉得呢？似乎是有点疯狂，甚至不负责任，但也因而显得很勇敢、刺激。孩子们学到了很多关于旅行、时间管理、责任与安全，以及其他方面的知识。

我无法描述我们共同经历的时光是何等珍贵，这样的经历确实会改变一个人。我的两个儿子都养成了喝咖啡的习惯，除此之外，我们还学会了以一种全新的方式来看待世界，以及自己与他人之间的关系。

从意大利回来之后，我更懂得欣赏红酒、午睡与平和的妙处，更珍惜孩子们的陪伴。

La dolce far niente（无所事事的快乐）。

建议

放手去做吧，过梦想中的生活。一步一个脚印地创造，从生活的基本要素开始。首先，你需要吃饱穿暖，有地方睡觉。然后，你需要在人际关系上投入，去爱与被爱，有良好的自我感觉。最后，你需要保持健康，找一份喜欢的工作，存点钱——你就可以放飞自我了！

当然，想飞的时候随时可以跳起来飞。

指导性问题

1.如果我决定去做，哪些梦想可以成为现实？

2.我的家令我感到快乐吗？是让我重注活力的庇护所吗？如果不是，我需要改变什么？

3.我的人际关系是否滋养我、支持我，提高我的生活质量？如果没有，我需要改变什么？

4.我是否具备实现梦想的"基础设施"，如存款、保险、支持我的朋友？

5.什么样的经历能丰富我的生活？（从小事做起，循序渐进。比如更多拥抱，有一个新爱好或新项目，公园午餐，志愿工作，码头上吃冰激凌，画廊里散步，学习，与心爱的人共度时光，结交更多朋友……）

6.什么事能令我放声大笑？我怎样能获得更多快乐？

7.什么能令我焕发生机？我怎样才能有更多体验？

8.我怎样才能勇敢地拓展自己，走出舒适区，做新的事情，有新的想法呢？

9.关于"意大利的邂逅"，我自己的版本是什么？怎样才能做到？

10.我能给自己最好的"礼物"是什么？当我80岁的时候，我最美好的回忆是什么？

主题十四　我的工作代表我做什么，而非我是谁

别人看重我是谁，而非我做什么。

——丽萨·斯蒂芬森

《欲望都市》的每一集我都看过，我认为，我们都可以从凯莉身上学到很多。在《纽约女孩在巴黎》那集里，米兰达问凯莉："你怎么可以辞掉工作？工作是你的身份。"凯莉回答："不，工作并不代表我的身份，它只代表我的工作！"我始终将这句话保留在内心深处。

在企业界工作的过程中，我遇到过很多具有雄才大略的人物。他们中的很多人深陷危机，失去工作、财富、伴侣及地位，接踵而来的是方向感的迷失。他们彷徨挣扎，试图在工作与生活中找寻重回成功之路。

职场生活并不容易，它可以吞噬最好的人，再随口将其吐到垃圾桶里。他们只能自己站起来，掸去身上的灰尘，摸索着重回赛场。

如果以狭隘的维度——譬如当前的职位、工作及成就来

定义自己及自我价值，我们就会在失败面前感到脆弱并极度敏感。我们会忽略最重要的东西，失去判断能力，随意贬低自己。我的核心价值在哪里？我的核心特质是什么？我到底是谁？我们的核心驱动力与满足感会降低，也会无意中贬低最重要的东西——亲密关系与生活质量。

形成判断力的底线

身为培训师，我鼓励人们更加全面地审视自己的生活，寻找自身的独特之处——自己走过的路、学到的东西、想去的地方，并展望未来。

我提醒人们思考：什么能给自己带来快乐？什么能满足自己？什么对自己最有意义？自己真正想从生活中得到什么？

我鼓励人们在工作中形成对成功的判断——这只是生活的一个方面，而且不是最重要的方面。

我的身份有母亲、朋友、女儿、表姐、导师、培训师、演讲人、世界旅行者，等等。我们将大量的时间用于工作；拥有一份目标明确的工作、充实自我的事业的确很重要。但是，我们的工作远远不能代表我们。

我接受的教育不代表我，我的身体不代表我，我的工作不代表我，我的银行账户不代表我，我的家庭不代表我，我的过去不代表我，我的未来也不代表我。

我是一个完整的人，我的潜能有待发挥，我仍有梦想尚未实现。有些人会走进我的世界，改变我的人生轨迹，未来的蓝图还在勾勒之中。

如果不用工作来定义自己，而是在生活中找到自我价值，我们会更易于面对工作中的困难。我们将拥有更广泛的基础，更强的韧性，以及更多的方式来获得满足与幸福，我们会更加善于掌控自我。

"不要问我在做什么，问我是谁。"

指导性问题

1.工作中发生的事是否会对我的生活产生负面影响？

2.我是否在工作中筋疲力尽？

3.我能够在健康、娱乐、家人朋友，以及工作之间找到平衡吗？

4.我能有效地协调工作与个人生活吗？两者能够互为能量及资源，在真正必要时为对方让位吗？

5.如果生活的其他方面井然有序，我在事业上会更成功吗？

6.如果工作没有令我精疲力竭，我的生活会更充实吗？

7.我的幸福感是否依赖于工作中的成果与人际关系？

8.我还可以怎样确定成功和幸福的标准？

9.我忽略了什么？哪些（如健康、人际关系、精神、生活环境、娱乐活动、对社区的贡献、持续的学习与激励）应该被置于更重要的地位？

10.我知道自己是谁吗？我的优点与缺点，激情与快乐，动力与梦想是什么？我知道自己在生活中真正渴望什么吗？

主题十五　不要听别人说什么，而要看他们做什么

你的行动与选择告诉了我关于你的一切。

——丽萨·斯蒂芬森

想想那些令你愤怒、沮丧、伤心及困惑的事情吧！关于成年人之间频频产生的交流障碍，我们每个人都可以写一本书了。

有一点我很确定：大多数交流是非言语的。人们不总说真话，却总会表现出他们的真实想法和感受，以及他们是怎样的人。如果我们把注意力集中在"看"而不是"听"上，反而能够更好地理解他们。

所以，不必太关注别人说的话。相反，要密切关注他们的行为和肢体语言，看看他们当下的行为，想想他们过去的行为。多看少说，先尝试理解他人，再寻求被他人理解。

想想那些你尊重及钦佩的人，他们是好人，且善于沟通。他们始终以你能理解的方式与你相处，他们的肢体语言与嘴里说出的话完全一致。尤为重要的是，他们真实坦诚地对待自己的内心，他们没有套路，也不会暗中算计。他们对人热心，善

良友好，他们激发人的自信与信任。

关于如何理解人们的行为方式，我可是一位隐藏的高手。

行为的底线

人们的行事方式，对他们个人行之有效。

人们对待我们的方式，来自我们的许可。

✍建议

假如你感觉在谈话过程中受到伤害、忽视或压制，多注意对方的行为。一旦理解其驱动因素，你便能在谈话中更好地与对方沟通。

学会管理肢体语言，传递恰当的信号。譬如你想表现出自信，那就调整好状态，准备好要说的话，站直或坐直，双臂不要交叉，说话清晰简洁，直视对方的眼睛，管理好面部表情。记住，你接收到的信号往往就是你传递出的信号。

如果你正在建立、定义或发展你的个人品牌，思考一下别人会如何描述你的行为。经验告诉我，人们一定会被真诚可靠的行为所吸引。

指导性问题

1.我观察到却又忽视掉了哪些行为？

2.我怎样才能更加留意自己及身边人所做的事？

3.如果我特别关注他人的行为，会有什么不同？

4.生活中，是否有人在利用我？

5.别人会如何描述我的行为？

6.我言出必行吗？（言出必行是诚信最基本的定义）

主题十六　永远好奇

只有好奇的人才会不断探索，不断学习，不断完善自己。我没有特别的天赋，只有一颗强烈的好奇心。

——阿尔伯特·爱因斯坦

我并不想言过其实，但我成为单亲妈妈的时候，好奇确实是一个非常有益的品质。

"天哪，我成了一个单亲妈妈，这该怎么办？""我现在需要做什么？""我究竟怎样才能生存下去？"与"我需要参加哪些新活动？""我会有哪些新机会？"间存在着相当大的差别。

当好奇心无法解决问题时，我会缩成一团坐在地板上大哭一场，宣泄情绪后给自己一个拥抱。发泄后我会回到成人模式，继续充满好奇地探索未来。

好奇心表现为提出更好的问题，以开放的心态去探索，对每一个机会都乐于探究。

儿童对此格外擅长。他们不会自以为了解一切，不会担心出错，也不会被自尊心牵制。他们可以在某个环境中闲逛，东张西望，不慌不忙地思考大脑中闪现的一切，把周围探个究竟。他们不担心失败，不会被过去束缚。他们睁开亮晶晶的大眼睛，新奇而乐观地看待事物，对一切都满怀好奇。

我的公司名叫"好奇咨询有限公司"，一项业务的名称本身就是一个问题——"我是谁"。好奇的精妙之处在于，它创造了自由，排除了判断与限制。好奇其实十分有趣！

好奇心可以分为智力好奇心（还有什么需要了解）和情感好奇心（还有什么我需要了解）。

好奇心的底线

基于你生活的各个层面，变得更加好奇意味着什么？

从智力上讲，你能思考、提问、学习或研究哪些问题？

从情感上讲，在你的生活中，什么可以变得不同甚至更好？如果投入更多的时间去理解对方的感受，你能建立更好的人际关系吗？

指导性问题

1.如果我是好奇而不是难过，会有什么不同？

2.如果我提出疑问而非做出陈述，会有什么不同？

3.如果我设想新的可能性，会有怎样的感觉？

4.如果我需要改变某事，我应该了解些什么？

5.如果我的思维更开放、思想更天真，可能会产生哪些想法？

6.我善于提问吗？如果不善于，我是否会做出改变？

7.如果我始终保持好奇，人际关系会发生什么变化？如果我对别人的观点更感兴趣，会怎么样？

主题十七　摇滚明星版的你

作为一个摇滚明星，我有两种本能：享受乐趣与改变世界。我同时拥有实现两者的机会。

——波诺

倘若生活很简单，所有的梦想都能实现，那么我们都会成为成就斐然的杰出人士。我们会富有、才华出众、功成名就、魅力四射，我们会成为运动健将、完美父母。

当然，实际情况并非如此，更何况，那样的生活了无乐趣，不是吗？

请你回忆片刻，回到童年，那时一切皆有可能：摇滚明星、垃圾清理工、芭蕾舞演员、宇航员、模特、探险家……有那么多的职业供我们选择。

为了说明我的观点，在这里我以摇滚明星为例。想想红粉佳人、碧昂斯、普林斯，以及任何让你"摇滚"起来的人。我们先来谈谈成为摇滚明星要付出的代价，重点讨论"明星"的部分。

摇滚明星是如何获得成功的？首先，他们擅长某项技能，他们不断打磨，反复练习。他们选择自己的音乐类型，对自己的表演精益求精；他们非常清楚如何展示自己，怎样才能被记住。

其次，他们最大限度地了解自己的专业领域。他们向他人学习，从书中学习，从尝试与错误中学习，穷尽一切学习的方式。他们每一次被打倒后，都会站起身重来。他们意志坚定，全神贯注；他们相信自己，坚持不懈。

他们知道这一切不容易，能否成功完全取决于自己。幻想几度破灭，他们依旧矢志不渝。他们由衷热爱眼前的事业，格外享受其中的乐趣，虽然一路走来也曾落泪心灰。

最后，他们竭尽所能地实现目标。他们遵守严格的巡演日程，从平凡之事出发，一步一步往上爬。他们知道，遇见的每个人都是潜在的歌迷，每次登台都是一个机会。每次录音、每次演出，他们都努力呈现最好的状态。

他们学习、成长、提高、创造、蜕变。他们抓住每一次机会——演出、采访、新闻发布会、媒体报道、社交媒体营销，向人们展示自己与众不同的一面。他们有炫目的外表和良好的感觉，他们也会全心全意地照顾好自己。

许多摇滚明星的学生照看起来相当普通，他们的家庭背景也十分平凡——也许跟你我差不多。他们之所以能成为摇滚明星，要归功于他们对成功的向往与干劲儿。我们同样可以做到这一点，成为我们自己的摇滚明星。

我们只需要做到……好吧，以上所有的事情。找到激情所在，做最好的自己。

那么，如何才能成为最好的自己呢？（我就知道你会这么问）合理安排饮食，锻炼身体，自我教育，接受有挑战性的职业机会，坚持不懈，持之以恒。

改变、挑战和实现远大的目标通常困难重重且令人不安。一切都不会遵循计划按部就班地发生，生活抛给我们的是曲线球，接球失误在所难免。

然而，摇滚明星版的你将迎接无限的可能性、乐趣与冒险，梦想将成为现实。当我们成为自己的摇滚明星时，会变得痴迷而执着、热情而投入。愿景一旦产生，一切便会不同；我们甘愿付出，追求心之所想。

小时候你想成为谁？现在你想成为谁？你有哪些远大的目标或始终想做的事？

✍️ 建议

付诸行动，从现在开始——朝着你希望成为的人或希望完成的事前行，哪怕先迈出一小步。

指导性问题

1. 我了解自己内心的摇滚明星吗？
2. 假如没有实现梦想，我会在意吗？
3. 我具备哪些技能和知识，可以帮我追求自己的摇滚明星梦？

4.有谁能指导我吗?

5.在生活中，我享受的乐趣足够多吗?

6.我还记得自己曾对什么充满激情吗?

7.我准备好做必须要做的事了吗?

8.我无所事事的后果是什么?

9.我应该如何开始?

主题十八 说真话的人

获得真相就等于获得成长与机会。

——丽萨·斯蒂芬森

结交会告诉你真相的人，身边至少要有两三位。他们可以是朋友、导师，可以是你付费请的人（如培训师），也可以是终身挚友。

我指导过的很多客户都有一整个啦啦队的人来支持、鼓励和质疑他们，但选择权永远掌握在他们自己手中。如果你会记恨身边告知你真相的人，并疏远与他们的关系，那么就没有人愿意告知你真相了。

你会如何对待反馈呢？你重视不同的观点吗？你能接受他人对你的看法与自己想象中的不同吗？

如果你允许他人说出真相，你就有机会审视关于自己的所有信息，而不只是其中的一半——你自己的观点。这个沟通过程是双向的，不仅有你选择展现给他人的"面具"，还有他人对你的感知。

这并不意味着这些不同的感知就是你的"真相",也不意味着你必须认同或做出调整。但当我们听到他人的观点时,自我意识会增强,也会更加了解自己对他人的影响,从而有机会反思、改变、突破、成长。

这促使我们对自己的言语及行为负责。当知道自己会影响他人并将收到反馈时,我们会更加注意自己所做的选择。

当客户遇到问题来找我时,我不只问他们"为什么""发生了什么事",还会问"还有哪些其他可能性";当客户对我说"我不知道怎么做"时,我会说"你知道"或"你欣赏的某个人会怎么做"。

反馈的意义不仅在于让他人告诉你"真相",还在于让自己在生活、工作中创造更多、更好的可能性与机遇。

📝建议

与跟你说实话的人会面,找个时间把他们聚集起来,看看会发生什么——假如你敢这么做。

他们观点各异,这能考验你的自尊心,激发你的动力。说真话的人是成功者最大的宝藏,仅靠你自己很难获得同样的成效。付诸行动吧!

指导性问题

1.谁是可以跟我说实话的人?

2.我给予他们明确的许可了吗?

3.我可以同样对待他们吗?

4.我对已接收的反馈敞开心扉了吗?

5.我是否关注已接收的反馈,并因此做出改变?

6.我是否能勇敢、理性地面对他人告诉我的实话?

7.我应该找谁来辅导或指导我?

8.请一位培训师会有帮助吗?

" 保持冷静，让他们告诉你真相。

——佚名

主题十九　庆贺

你越庆贺自己的生活，你的生活便越值得你庆贺。

——奥普拉·温弗瑞

成年人似乎不太善于承认成功，但成功、快乐、敏感的人的确会这样做。他们承认自己的成功，也承认他人的成就。优秀的领导者常常告诉你，他们非常享受带领团队走向成功的过程。他们也庆祝自己实现的里程碑，也许公开庆贺，也许私下庆贺，可能举办一场庆功宴，也可能送自己一件礼物，比如去度个假。最重要的是，他们承认自己的成就。

许多人不庆贺成功，原因在于他们过度在意自己不擅长的事，可每个人都会对某些事不在行。问问我的团队，我是如何阅读报告、谈论技术的。这么说吧，即便是教我最基本的会计知识，你也会抓狂到想撞墙！

先向人力资源部的同事们道歉，因为我要说，他们耗费太多的时间来讨论知识差距、确定增长机会、撰写发展计划，而留给员工们承认成功的时间太短了。我们投入大量培训资金来改善弱点，却只能在自己不擅长也不想做的事情上，痛苦地获得一点点进步。

我想说，人生短暂，请专注于你擅长又喜欢的事，这样乐趣更多！在个人与团队的培训课程中，我永远从优势入手。想象一下，假如我们将等量的时间投入到做擅长的事，而非有待改进的事，结果会怎样？

建议

做个出色的人，当你做到的时候，认可自己，做自己的头号粉丝。确保你拥有一份对的工作，有一位对的上司，尽量多做你擅长的事，然后庆贺——一切！

如果庆贺是你的习惯，那么你无时无刻不在激励自己。成功的人能够健康地自我对话，所以，至少跟自己聊聊，拍拍自己的肩膀，为你自己感到骄傲。

活动

我鼓励我的客户至少写三个月的日记。试试看，每晚写下如下三点内容。

1.今天哪些事我干得漂亮？

2.今天哪些事我可以做得更好？

3.明天我有什么计划？

指导性问题

1.我能写出过去一年中最自豪的事吗？

2.我如何与他人交流自己的成功？

3.我怎么做才能承认并发挥自己的优势？

4.我该怎样庆贺他人的成就？

5.关于"我是谁"，我对自己的故事满意吗（想想那些事与愿违与一鸣惊人的时刻）？

主题二十　没人会来！

生大材，不遇其时，其势定衰。生平庸，不化其势，其性定弱。

——老子

在这个科技迅速发展的时代，我们获得了丰富的信息，拥有无数学习的机会。仅需轻轻一动手指，你就能拥有生活与发展所需的一切。

我们可以在网上找到生活伴侣，通过手机订餐，在凌晨1点给孩子的老师发电子邮件。我们可以雇用服务人员，在网上购买心仪之物，更不用说每周7天、每天24小时随时去健身房了！我们可以在家学习，与专业人士讨论各种问题，随心所欲地去任何地方旅行。

然而，我们得到了什么？我们面临严重的心理问题，身陷肥胖危机，收到垃圾短信，遭遇欺凌、孤独、暴力……

这些可能都是你即将面临或正在面临的重大问题。我只不过想说……大概没有人会来修复你的生活。网上不存在解决方案，也没有特定的组织能帮你过上健康、快乐、成功的生活。

你只有付出行动，才能创造想要的改变。是的，只能靠你自己！

把握所有能助你一臂之力的人或事，不要等待最佳时机，也不要全盘依赖一位专家、单一的人脉或方案。相信你已经具备了付诸行动所需的要素。

尽可能利用有效资源。热爱生活的人们借助这些资源，最终依靠自身实现了目标，他们自己会推动并创造改变。

在你自己身上投入精力，设计你自己的生活。回顾本部分的主题一，思考你的计划。世上仅有一个你，唯有你自己经历了你的生活，你最了解你自己。

建议

回顾及补充笔记，梳理并完善你所构思的计划。本节启迪思维的内容可以增加"我是……"式陈述的深度。

"你已经万事俱备，我的朋友，你将为此倾尽所有。

——芭芭拉·尼科尔森，我的智者朋友

第二部分指导性问题概要

1.我的计划制定好了吗？

2.我准备好和别人讲述我的故事了吗？

3.我明白我的哪些价值观与信念对自己有益吗？

4.我准备好将我自己当成最重要的项目了吗？

5.我愿意去做必须要做的事了吗？

6.我应该摒弃什么？

7.我有决心吗？

8.我相信将来的自己会不断前行吗？

9.我会有意识地选择说"是"与"不"吗？

10.我会寻找机会培养韧性吗？

11.我会选择张扬自我吗？

12.我会停止忙碌的状态吗？

13.我该如何选择冲突？

14.关于"意大利的邂逅"，我自己的版本是什么？

15.我将如何成为完整的我，而不仅仅存在于工作中？

16.我会主动管理自己的态度、技能与知识吗？

17.我将如何在思维与决策中重视好奇心？

18.我找到摇滚明星版的自己了吗？

19.我会重视对我说真话的人，并采纳其意见吗？

20.我将如何庆贺自己的每一次成功？

21.我愿意相信我只能依靠自己来摆脱困境吗？

22.如果我需要支持与帮助，我打算如何获得？

第三
部分

成功生活的策略

你知道成功的最佳方案吗？无论你拥有怎样的目标、梦想与抱负，有一点毋庸置疑：成功不可能从天而降。既然你已经读到这里，想必不用再赘述原因。

本书第三部分中的策略，将加速你的成功，并可持续地支持你的发展。在我二十年的培训生涯中，这些策略始终十分有效。

以下十五种策略将改变你的思考、行为与感知方式，带领你迈向更为成功的生活（无论你有何期待）。

1.转变你的思想

2.专注

3.留有遗憾

4.找到你的圈子

5.拓宽你的生活

6.目的

7.不要为和睦相处而随波逐流

8.有的人很糟糕！

9.头脑与内心

10.了解你的超能力

11.阳台测试

12.小步走，大跳跃

13.焦点解决思维

14.游戏

15.现实检验！

策略一 转变你的思想

无论你觉得自己是否能行，你都是对的。

——亨利·福特

成年人的大脑路径相对"固定"，我们习惯维持事物的现状，并下意识地搜集证据，证明我们的认知真实而正确。

这很正常，算是生存法则吧。

我想说的是，这种情况虽然正常，但不能帮助你实现更为高远的目标。

作为成功学培训师，我经常呼吁客户转变思想、拓宽思路、调整行为。

培训过程中，我常问："你还可以从哪个角度思考这个问题？"

请谨记，你的想法直接决定你的感受。假如你期待积极的改变，请从转变思想开始。

如果你想成为一位高情商的成年人，请关注你的想法，并准备做出改变。

意识到思维对我们的影响，只是转变思想（与改善生活）的第一步。关键在于第二步：具备重新建构思维的能力。这一能力可以使你脱离原有的想法，赋予某事件、经历、情境或感觉新的意义。

✎活动

你将如何有意识地转变自己的思维方式，从而成长、进步？

策略二　专注

我们专注的内容，终将成就我们自己。

——丽萨·斯蒂芬森

专注——每一件事！

我们是有感官的个体，在精神上、情感上、生理上，每时每刻都在从周围的环境中接收信息。

可是，你在听吗？

你获得足够的激励、营养、锻炼和睡眠了吗？

你的人际关系健康而充实吗？

你最近一次感到轻松快乐是什么时候？

你的思想积极吗？

你对自己和他人友好吗？你解决了问题还是陷入了困境？

你无法控制他人，聪明的办法是更多地进行自我对话。你在循环往复地讲述什么故事？你需要放下并改变什么？应该让谁或什么成为过去？其实你知道有些事应该有所转变，请注意你脑海中的声音、内心的感受，以及身体发出的信号。

✍️活动

　　如果你期待多一些宁静、少一些沮丧，请反思片刻你忽略了什么。别再无动于衷，主动面对生活中被你忽略的部分，改变自己并马上行动（不要等到周一！），绝不会有比当下更好的时刻。

　　你将专注于哪些生活中亟须自己关注的部分？

策略三　留有遗憾

这并不容易，却非常值得。

——丽萨·斯蒂芬森

我们常常将"遗憾"与消极的内涵捆绑起来，我却非常享受留有遗憾的生活。

不要因为遗憾而背负沉重的愧疚感，那会侵蚀你的精神。我们应当从过去的经历中汲取经验，而非长久地活在过去。

在我遗憾的包袱里，装着我做过的所有悲伤的、悔恨的、失望的事情。可是，倘若没有这些经历，我又如何学习、成长呢？

美好而充实的生活一定是充满遗憾的，这些遗憾里有我们错误的判断、走偏的路线和未采取的行动。

如果你渴望蜕变与成长，想从经验中吸取教训，期待值得分享的故事，就不要担心失败或遗憾！

当我老了，头发白了，我想要长长的一串遗憾。这些遗憾能让我哭，让我笑，让我想起许许多多美好的过往。

如果你期望生命能够穿越光谱的两端，体验光明、阴影与色彩的所有波段，那么随之而来的代价必然是有无法避免的遗憾。

我可以肯定地告诉你，成功者也常常犯错。任何傲人成就的背后，都有无数次失败的演练。

假使你想在自己变得足够好、足够聪明后再开始行动，让我告诉你吧，这样的时机永远不会到来。

✍ 活动

愿你最大的遗憾能为你未来的幸福铺路。所以，好好生活，准备好坐过山车吧。勇敢点，放手去尝试，加油！

在下面列出你的遗憾，并将其重新表述成你的经验。

策略四　找到你的圈子

与希望你成功的人为伍，他们将挑战你，让你变得更优秀。

——丽萨·斯蒂芬森

与能丰富你生活的人为伍。

你有你的知心朋友（希望如此）。他们会给予你亲密的守护，在你最艰难的日子里把你从浴室的地上拉起来；他们信任你，也值得被信任；他们照顾你，支持你。

然而，我始终认为少数人无法满足我的所有需要与渴望。

你需要更大的圈子，这个圈子里的朋友能让生活变得更美好、有趣。

他们与你共同创造生活，关心对你来说重要的事。他们拓展你的能力，挑战你的极限。

他们开阔你的思维，让你更深入地思考。

他们推动你成为更好的人，你的圈子将陪伴你实现梦想。

他们让你开怀大笑，督促你付出汗水，陪你完成你不愿独自面对的事。

他们并不需要彼此相识，但他们需要对你的生活有所裨益，或让你的圈子里不断出现新的好朋友。

你的圈子里不仅有家人、最好的朋友，还有你的社区、工作场所、人际网络等。你的圈子里有你的整个世界。能量吸血鬼绝不会出现在这里。

励志演说家吉米·罗恩曾说过这样一句充满智慧的话："我们的水平，是与我们相处最久的五个人的平均值。"

在这个世界里，我们都应当拥有归属感，并贡献自己的力量——这完全取决于你选择与谁做伴。

活动

结交朋友，关心你的圈子，然后让他们也关心你。你会怎么做？

哪些人已经在你的圈子里？把他们的名字写下来。回顾列表，看看哪些人对你的未来没有帮助。同时，找出你希望出现在你的圈子里但你还不认识的人，比如导师、专家……

_____

_____

_____

_____

_____

策略五　拓宽你的生活

像纽约一样工作，像意大利一样饮食。

——丽萨·斯蒂芬森

世界上不同的城市带来的不同感觉令我痴迷不已。

旅行开阔了我的视野，赋予我更多生活上的选择。

在伦敦，我爱上了歌剧。

在意大利的索伦托，我爱上了睡懒觉和冥想。

在旧金山，我放飞内心的嬉皮士，骑着自行车兜风。

我管理咨询业务时的工作节奏像是在纽约：非常努力，反应迅速；效率之高，客户们甚至以为我从不睡觉。

即使你无法环游世界，也要尽量有意识地体验截然不同的环境与人群。

丰富并拓宽你的生活，向形形色色的人学习，打开你的思维格局。相信你能够拥有，也值得拥有美好的生活。当你状态最佳、感到最快乐的时候，要特别坚信这一点。

这关乎自我关爱、自信与成功（无论你如何定义成功）。

不管你是谁，中年男子或单亲妈妈，读到这里时，请想一想：什么样的环境能为自己注入充足的活力与灵感？

也许不是在伦敦或纽约，而是在一家餐馆、一所画廊、河边的露营地、自家花园里的庇护所，或者是拐角那间笼罩着光环的办公室。

✍️活动

你在哪里感觉状态最好？

当你进入忘我状态时，你在哪里？在做什么？

策略六 目的

我们的目的与我们的感受、成就直接相关。

——丽萨·斯蒂芬森

在我建议客户采取的策略中，其中一条是非常具体地描述你如何度过一天。

如果你想要获得更大的成功，请每天晚上写下今天哪些事十分成功（庆贺），哪些事可以做得更好（发展），以及明天哪些事对你来说很重要（目的）。

每天起床的时候，你的目标要非常明确：想要成为什么样的人？需要做什么事来更接近那个幸福而成功的自己？

目的，意味着问责，意味着你要为达成心中所愿而制定好方案。

譬如，你希望身体健康，可以请一位私人教练；你希望精神健康，则需要思考你曾经是谁，未来想成为谁，并制定一个从前者转变为后者的方案；你决定做一位友善的人，那么今晚你要反思自己做得如何，明天如何才能做得更好。

你的关注点将引导你的目的，而你的目的又由你的方案支撑。

你的目的，是每一天结束之时，需要回到的原点。

✍️活动

我知道，目标和策略都是老生常谈。但我要告诉你，如果每一位导师都让你写下自己的目标，制定一个包含具体策略的方案，这必然是有原因的——这样做非常有用！

在这里写下你的目标。

我明天的目标是＿＿＿＿＿＿＿＿＿＿＿＿＿＿＿＿＿＿＿

＿＿＿＿＿＿＿＿＿＿＿＿＿＿＿＿＿＿＿＿＿＿＿＿＿＿＿＿＿

＿＿＿＿＿＿＿＿＿＿＿＿＿＿＿＿＿＿＿＿＿＿＿＿＿＿＿＿＿

我本月的目标是＿＿＿＿＿＿＿＿＿＿＿＿＿＿＿＿＿＿＿

＿＿＿＿＿＿＿＿＿＿＿＿＿＿＿＿＿＿＿＿＿＿＿＿＿＿＿＿＿

＿＿＿＿＿＿＿＿＿＿＿＿＿＿＿＿＿＿＿＿＿＿＿＿＿＿＿＿＿

等到今年年底，我将拥有＿＿＿＿＿＿＿＿＿＿＿＿＿＿

＿＿＿＿＿＿＿＿＿＿＿＿＿＿＿＿＿＿＿＿＿＿＿＿＿＿＿＿＿

＿＿＿＿＿＿＿＿＿＿＿＿＿＿＿＿＿＿＿＿＿＿＿＿＿＿＿＿＿

＿＿＿＿＿＿＿＿＿＿＿＿＿＿＿＿＿＿＿＿＿＿＿＿＿＿＿＿＿

策略七　不要为和睦相处而随波逐流

向前走，向上走。

——丽萨·斯蒂芬森

每天都有人在随波逐流地走着过场，却从不去想自己为什么要这样做。有时，我因此心存愧疚。

相对于每天都表现得出色，随波逐流要容易得多，否则生活该有多累！有的时候，我们只想睡睡觉。

过小日子的人随处可见，他们有一份过得去的工作，过着马马虎虎的生活。

但我还是要大声说："别这样！"

别做一头绵羊，茫然地跟从羊群的方向。

别做一只泰迪熊，扮演着取悦别人的形象。

倘若渴望制造精彩，就把你的潜能挖掘出来。

让思维活跃起来，每天向自己挑战。每晚躺在床上，想想你做了哪些勇敢的事，尝试了哪些新事物。

摆脱忙碌的状态，有意识地做出选择。

我时常接到电话，有的人说他们在某天早上醒来时突然意识到，从他们第一次决定有所改变的那一刻起，已经过去了五年。白驹过隙，他们已经变老了，但不一定变得更智慧，或者过得更好。

✎ 活动

你读完本节后，这种事情绝不会发生在你身上，对吗？不要因为害怕改变而随波逐流。走自己的路，现在开始迈出第一步。你的第一步是什么？

在你的生活中，哪些行为是为了打发时间而随波逐流的行为？请写下来。它也许存在于你的工作中，也许存在于你的亲密关系中。

_____

_____

_____

_____

_____

_____

_____

_____

_____

策略八　有的人很糟糕！

不是每个人都爱你，但你依然爱他们。

不是每个人都公正，但你依然一视同仁。

不是每个人都说真话，但你依然诚实本分。

——丽萨·斯蒂芬森

做好准备，你会被伤害，被欺骗，被恶劣、偏颇、苛刻地对待。

期待别人最好的一面，也要看到别人最坏的一面，因为你无从知晓他们是否正在经历自己的变故。

有的人不善沟通，儿时缺乏关爱，缺失榜样，过往的遭遇让他们伤痕累累。

有的人正在生病，饱受药物副作用的折磨；有的人刚生了孩子，连觉都睡不好；有的人正经历不幸、失败和忧伤。有的人好高骛远、自私自利；有的人过于自恋、利欲熏心……有的人就是那么糟糕透顶！

人，有时令你失望。

他们可能嫉妒你的成功，所以暗中破坏、恶语中伤，也可能只是不喜欢你，又或许就是和你不一样。

成年人往往有自己的计划，他们善于操控并如愿以偿；他们步步为营，追逐自己的欲望。

但你依然可以相信，这世上的美好永远存在，一切美好的东西都在等待着你去发掘。

你会遇到一些人，他们赋予你勇气。当你真正经受考验时，你将惊异于自己的能力。

任何人都没有使你走偏、将你打倒的权利。经验告诉我，他人令你反感的地方，往往也是你对自己最不满意的地方。

我曾经遇到一些人，他们给我鼓励、令我动容。我乘坐飞机时，会对即将出现的邻座满怀期待。人们如此复杂，又如此神奇。你永远不知道自己下一秒会遇到谁。接纳他们吧，让更多不可思议的人出现在你的生活中。

✏️活动

照顾好自己是你的责任。你将用什么策略来保护你的精力、计划和内心？

_____

_____

_____

_____

策略九　头脑与内心

头脑的判断与内心的感受同等重要。

——丽萨·斯蒂芬森

身为培训师，我在工作中有成千上万个小时用于倾听——倾听人们讲述如何做出决定，如何创造改变，如何生活。

大多数人与生俱来地倾向于成为以下两种类型之一的人：

◇ 感受者（我不是指怪异的类型）；

◇ 思考者。

如果你天生听凭直觉，是个感受者，那就多多考虑实际、运用逻辑。为了帮助你真正尊重自己，请理清头脑中的所有内容，同时考虑自己的心中所想。

如果你惯于深思熟虑，是个思考者，那就意味着你试图分析每件事情，甚至有些多虑，请多多关注你的感受。

我经常聆听思考者描述他们的逻辑、理由与证据。然后，我让他们把这些放到一边，问一些他们未曾思考过的问题。这些问题要求他们以发自内心、个人化的方式，更广泛、深入地再次进行思考。

这并不是一个空洞的指导理念，协调头脑与内心能够更加全面地帮你平衡心中所想，从而获得实际成效。

在与他人交往时，具备这种能力必然能建立互相尊重的和谐关系。

听从你的头脑与内心！

活动

想一想最近你依靠头脑或听从内心所做的决定。你还可以做出什么不同的决定？假如你当时完全依从内心，那么你可以增加哪些逻辑，深入思考？假如你当时完全依靠头脑，那么增加情感的因素会有何不同？

在这里记录下来，不要低估该策略的力量。

策略十　了解你的超能力

你有很多特长，告诉我你特别擅长什么，这就是你的超能力。

——丽萨·斯蒂芬森

现在自信一点，不要谦虚，回答这个问题！吹响你的号角，了解自己的特长，磨炼30秒电梯游说技能。成功人士了解自己的优势与动力，能够不卑不亢地谈论。

我知道，如果拥有穿越时光、穿墙而过等神秘力量会特别有趣，但我们还是先严肃地讨论一下你实际的超能力吧。

那些依靠自己的超能力创立事业与经营生活的人通常能够大获成功。如何知道自己的超能力是什么呢？想想你做的哪些事真正影响到了别人。这里指好的影响，而不是坏的影响。

你真正擅长做什么？真正喜欢什么？这两个问题的答案通常是一致的。如果我们有机会面谈，这会是我首先问你的两个问题。

如果你有能力与各行各业的人建立良好的关系，不妨考虑利用这种能力。如果你真的擅长信息技术，那就在相关领域付诸行动。如果你确实对某一特定的事情感兴趣，那就去着手研究。

问问其他人觉得你的超能力是什么。

超能力属于行为特征。

✎活动

列个清单，写出展现你个人特质的日常行为。哪一种行为能帮助你成为更好的自己？请挑选出来。

面谈的时候，我喜欢让人们描述他们自己的超能力。现在，请详述你的超能力，并验证这在他人眼中是否属实。

策略十一　阳台测试

你的生活就是你所做决定的影子。

——丽萨·斯蒂芬森

我的朋友兼导师大卫·霍纳利教给我一个测试，他让我定期问问自己：当我80岁的时候，坐在阳台上，我想要说什么、做什么、回忆什么、感受什么？

◇我最美的回忆、最好的故事、最成功的杰作是什么？

◇什么让我开心？什么让我难过？

◇什么令我骄傲？什么令我羞愧？

◇我人生中的决定性时刻和高光时刻有哪些？

重要的是，那些让我焦虑、紧张、难过的众多事情中，哪些才是真正有意义的呢？

日常生活中，我们可以随时思考并提出以下问题。

如果我这样做却失败了，80岁时的我坐在阳台上时会在意吗？

80岁时的我会建议现在的自己怎么做？

当80岁时的我坐在阳台上的时候，还能记得这件现在令我崩溃的事情吗?

我的孩子剃了个光头,这要紧吗? 此刻的灾难现场,以后想起来会不会只是个笑话?

80岁时的我,会希望选择这条路而不是那条路吗? 会希望这样做而不是那样做吗? 会希望把精力投入到这件事情而不是那件事情上吗?

回答这些问题有助于保持合理的视角并维系平衡,可以帮助你遵照优先级与价值观来安排生活。俗话说"别为琐事汗流浃背",意思是格局要更宽广,眼光要放长远。

成功的人能够精准地把握精力的投放方向,他们不会为不重要的事情操心,他们会承担自我成长的风险,他们会为失败的选择提前自我原谅。

顺便说一句,我希望80岁时的自己能坐在阳台上笑得前仰后合!

✍️活动

现在看来,你有哪些事情反应过度? 哪些决定没有经过深思熟虑? 请写下来——它们通过阳台测试了吗?

这是头脑风暴的好时机,想象一下80岁时的自己坐在阳台上的时候,想要说些什么。

———————————————————

———————————————————

———————————————————

策略十二　小步走，大跳跃

信仰是迈出下一步的意愿，是对遇见未知风险、开启下一段旅程的渴望。

——莎朗·莎兹伯格，知名佛教禅修导师

有时，我们只需要一只脚踩在另一只脚的前面，走过这一天；有时，我们会感到精力充沛、灵感迸发，充满动力与勇气；还有的时候，我们会匀速前进，开启自动巡航模式。

生活艰难的时候，尽你所能向前走就可以。但有的时候，万事俱备，只等你朝不同方向迈出一小步——甚至跳跃一大步，不要错失这样的时机。

每隔一段时间，你就会具备完成一次冒险的所有条件，下定决心去尝试吧。这一刻，我的建议是：

高高地跳起来，睁大你的眼睛！

生活良性循环，事情按照你的意愿发展，付出得到回报，潜能得以发挥，生活格外美好，当你发现自己进入这样一个阶段时，你就进入了"心流状态[1]"。

追求这种状态吧。

享受这一切，尽情沐浴在小步走和大跳跃带给我们的绚烂之光中。

生活中没有任何事情是一成不变的，这一点可以肯定。

我们的生活就像心电图的曲线，上下波动。美妙的生活离不开波澜起伏，你肯定不想变成平坦的直线。我不是指心电图变直，而是指……好了，你明白我的意思。

艰难与坎坷会成为过去，美好的时光也不会永远持续，大多数人会经历各种体验。

事实上，培训师的经验不断告诉我：倘若我们只是随波逐流，生活或许还不错，甚至可能还"很好"。惯性与平淡让人感到舒适，而波折、挑战与风险很少与"舒适"一词并存。

可正因为我们的生活有了大跳跃，我们才能经历最奇妙的冒险，获得最丰富的经验，享受最丰厚的回报。

活动

既然你在读这本书，你一定已经准备好（或者就要准备好）大跳跃了。来吧，我劝你——跳吧！现在，你将采取什么

---

[1] "心流状态"（Mental Flow），或称为"化境"，心理学上指人在进行某项活动时，完全沉浸其中的一种精力充沛、全身心投入并享受活动过程的精神状态。

行动?

你的大跳跃需要什么条件? 现在的时机是否合适?

策略十三　焦点解决思维

当你聚焦可能性时，你也在创造机遇。

——丽萨·斯蒂芬森

如果你只能采取一种策略，请选择这种。

有的人只看到了问题；有的人超越问题，寻找解决方案。

那些始终保持乐观的态度、寻找前进的道路、克服障碍并解决问题的人，大多都是成功者。

当我们面临某些挑战时，需要给自己一点时间，反思及处理问题，从而寻找切入的角度，了解问题的现状。

有的时候，你需要在问题中"静置"片刻，与别人聊聊，甚至发泄一下——骂两句，哭一会儿，还可以喝杯酒，跑跑步。

我们无法掌控一切，有的问题的解决确实需要时间，以等待事态发展。但假如一味等待，而不承担解决问题的责任，我们就会在问题中停滞不前。我们会发泄、喝酒、咒骂、郁结——深陷其中，周而复始。

焦点解决思维不仅代表乐观的态度，还意味着你将为希望发生的事情投入时间、承担责任，并采取行动。

你是愿意扮演受害者，还是愿意接受并重构现状？记住，生活中充斥着无穷无尽的问题。坚持个人计划，做个适应环境、找到对策并不断前行的人。

活动

感到困难或不顺的时候，反思一下你目前的策略。面对压力时，你会自然地表现出什么样的心态？你如何定义焦点解决思维？请写下来。惯用焦点解决思维者更有可能成功，因为他们善于寻找对策。

策略十四　游戏

逻辑可以带你从 A 到 B，想象力则带你到天涯海角。

——阿尔伯特·爱因斯坦

请不要否认或丢掉那个住在你内心中的小孩。游戏是一种发现、测试新想法与新策略的方式，你不必跑到运动场上去，游戏可以是一种心态。

幼儿会表现出被许多成人忽视的优秀特质。

◇他们愿意承担风险，失败时嘲笑自己。

◇他们说话坦率且诚实、真挚。

◇他们活在当下。

◇他们对任何事物都很感兴趣，每天要问无数的问题。

◇他们在自然状态下快乐而开朗。

◇他们愿意和陌生人说话。

◇他们可以从挫折中迅速恢复。

◇他们用拥抱和亲吻来传递温暖。

◇他们不会多虑。

◇ 他们精力充沛，充满热情。

◇ 他们热衷于想象、创造。

◇ 他们的爱自由而慷慨。

◇ 他们很快原谅别人。

◇ 他们像海绵一样吸收新知识。

◇ 他们不背负思想包袱。

◇ 他们不因错误的决定或行为而痛责自己。

◇ 他们大多在游戏中学习。

◇ 他们追求自己想要的东西。

◇ 他们始终相信自己可以。

好吧，我又开始天马行空了。总之，我坚决倡导成人游戏——这里指广义上的"游戏"。成功人士可以相当顽皮。

成人游戏（听起来有点怪，还是小声点说）可以是捏橡皮泥或者抓小虫，也可以是一些孩子气的事情——划船、与宠物玩耍、讲笑话、绘画、大声唱歌、挖土，等等。

游戏是你采取的一种态度：你如何接近人，如何解决问题，如何传达指示。以开放的心态提问，表现出对改变的热情，轻松幽默地与人互动，这些都是游戏的表现。

请抽出时间进行游戏并传播欢乐，看看会发生什么！俗话说："你微笑，世界也将对你微笑。"我保证，笑是一剂良药——它真的对你有益。

✎ 活动

　　在工作及个人生活中，无论你在做什么，只要你能让事情变得轻松，只要你有创造力并允许自己不必知道所有的答案，那么一切都会变得更美好。不要让自己太严肃，去玩耍吧！怎样才能使你的日常生活更轻松有趣呢？

　　如果你更孩子气一点，什么将出现在你的生活里？综合你的精力、幽默感与态度进行考虑，并记录下来。

策略十五　现实检验！

不要告诉我你将来要做什么，告诉我你当下正在做什么。

——丽萨·斯蒂芬森

现在我们该停下来，检查一下当下你为自己编造的故事是否真实。唯有你自己知道关于你的亲密关系、感受与信念的真实状况。唯有安静地独处时，你才有可能反思关于自己成就的真实感受，想想自己是否真的快乐。

可以确定的是，安静的时刻对许多人来说非常难得。我们会在不经意间编造一个故事，使自己相信这就是最好的状况。"现实检验"策略可以创造一些空间，使你更加全面、战略性地思考整个生活，而不只是其中的一部分。假如你作为一个局外人远观，会有什么想法？

我曾请听众分享，当他们描述当前生活的现实时，脑海中浮现了哪些想法。你会发现，积极与消极的反应同时存在，这些反应可以引发你的思考。

描述现实时，我的想法如下。

◇机会不会来敲门，我还在等什么？

◇假如我很平庸，就不会吸引优秀的人进入我的生活。我知道自己的能力其实很强。

◇我经常觉得自己很累，忘了优先考虑自己。

◇我希望自己可以做一个更好的朋友、母亲或领导。

◇我不太确定什么能让自己快乐。

◇但愿我以前更相信自己。

◇我真的为自己感到骄傲。

◇我很期待自己在未来五年的表现。

◇我没想过生活会变得这么好。

◇我非常努力并收获了现在的一切，我很开心。

懂得、思考和计划远远不够——你必须去做。借口帮不了你，归咎于他人并不明智，抱怨会拖累你。适应不可避免的变化，为成功庆贺，感谢重要的人。承认现实是书写人生新篇章的重要步骤。

积极主动比起被动反应，能使你走得更快、更远。你必须做出色的事，成为出色的人。指望别人代劳不会有好结果，你需要找到自己的盲点——但不要给自己找借口。如果现实的检验显示，在生活中你已经拥有了需要和想要的一切，那么你可以继续前行了！从宏观的角度独自反思你的现状，这是本书的关键所在。

留在舒适区可能会令你非常愉快，但仅此而已。动力会消退，你必须坚持不懈。如果不动起来，你将永远无法发挥创造力。

任何你认为自己不该做的事，都要马上停止。你需要理解并同情他人，但也需要知道自己是谁。工作不是你的全部，做个好人——善良、勇敢、懂得感恩。

谦逊地面对成功，勇敢地承认犯过的错误。要想成功，你需要站得更高——最好独树一帜。

良好的沟通、和谐的关系是开启一切的钥匙。你要照顾好自己，才能成为最好的自己。

第三部分到此结束。

✎活动

好吧，还没完全结束……最后你还想提醒自己什么？你的现实检验是怎样的？你对自己有哪些了解？你的生活中哪些事顺利，哪些事不顺？

写完下面的句子。

我生活的现实是 _____

_____

_____

_____

_____

_____

_____

_____

第四部分

十条处世必备法则

如果世事无常，那么一切皆有可能。

我的生活需要以下十项事物，我称之为我的处世必备法则。

1.沙滩赤足

2.冒险

3.混乱的时刻

4.善良

5.静止

6.感恩的心

7.拍拍狗

8.拥抱

9."偷窃"

10.逃避

也许其中的一两项可以引起你的共鸣；也许你会因此受到启发，列出一份长长的属于自己的清单（本部分末尾处有空白供你开列），每天遵照执行。在人生新篇章中，你将蜕变、成长。因此，请务必照顾好自己。

记住，忙碌并不代表优秀。掌握一些生活的应急方案，对于你的幸福至关重要。以上十个不可或缺的法则，可以令我成为最好的自己。

处世必备法则一　沙滩赤足

不要低估海洋的力量，以及它给予的喜乐、呼吸的感受。

——丽萨·斯蒂芬森

什么地方可以滋养身心？我的答案是沙滩。即使去不了沙滩，我也会去发现、捕捉许多日常生活中的小确幸。我可以冥想片刻，想象自己在沙滩上赤足而行。

这种想象技能叫作观想法，它具有科学依据，功效相当强大。我闭上眼睛，可以闻到海边咸湿的空气，看到孩子们嬉戏玩耍，感到细沙在脚趾间轻轻摩擦。这让活力重新注入我的身体。观想法的神奇之处在于，仅需十分钟的想象，你便可彻底转换你的能量。

在你的人生新篇章中，沙滩赤足的场景会以什么样的版本出现呢？

处世必备法则二　冒险

　　人的精神渴望舒适，也渴望新鲜感。冒险可以发生在家里、工作中、社区里或度假时，冒险随处可见！它会让你经历心跳加速的瞬间，它是未知的刺激，是尴尬之中的乐趣，是面对新尝试的挑战，是成功带来的雀跃。在我的世界里，旅行、母爱、试错总能让我受益匪浅。

　　新鲜的经历使我们更加了解自己与我们生存的世界。开一辆车，漫无目的地行驶，新的经历的出现就这么简单；我们也可以整装待发，规划路线，去登一座山，这也许有点难。冒险总会给你带来惊艳！

　　假如你计划一次新的冒险，你会去哪里，会做什么？

处世必备法则三　混乱的时刻

总有那么几天，你应该无所顾忌地放下一切。你无法（也不该）每天都保持高效，事事都做到出彩。有的日子，你只需说一句"全世界都滚蛋吧"，然后穿着睡衣，边吃麦片边看电视。

有些时候，我们需要哭泣，卸下盔甲，为自己感到难过；有些时候，生活混乱如麻，我们需要放弃挣扎，允许自己混乱片刻。

这本书不想告诉你如何做到"完美"，你是独特而复杂的个体。你会把事情搞得一团糟，你会犯错、失落、受伤，还会隔三岔五做些傻事。当然，高效而认真、负责的你一定会迅速从颓废的状态中恢复，不是吗？

你有对策照顾混乱时刻的自己吗？

附言：有一类人笨手笨脚，许多事都做不好。但在杂乱无章的生活中，他们始终坚持端正的品格，并无限忠诚于所爱的人。我欣赏这样的人。

处世必备法则四　善良

你的行为会产生影响，你必须决定你希望产生哪一种影响。
——珍妮·古道尔

如果每个人都把善良视为不可或缺的原则，世界将从此改变。有的时候，善良比正确更重要。或许你以前听说过这句话，但我还想再说一次。因为在这个残酷的世界里，善良实在太重要了。你是否有良心发现而心怀歉疚的时刻呢？

善良对你的健康大有裨益，它改观你的世界，触动你心底最柔软的地方。关于实践善良，有一些非常实际的方法。根据我的经验，善良的内涵通常包括正直、慷慨、尊重与同情，善良的人是我们最信任的人。对他人慷慨地付出时间与善意，对大多数人来说极具吸引力。

你该怎样做到每天有意识地善待他人呢？

处世必备准则五　静止

　　身体和心灵都需要运动来保持健康，但让自己静止同样重要。静止时你的身体在修复，头脑在思索，心灵在感受。我们生活在瞬息万变的速食时代，倘若我们每天不留有一段静止的时间，我们会错过什么？静止直接关乎你的健康。

　　事实证明，坚持冥想的人血压与心率都比一般人低。静止可以很简单，比如开会之前在车里闭上眼睛（显然不是指开车的时候），或深呼吸。静止的时间可以从几分钟到一小时。找一种方法试试吧。

　　如果静止是你日常生活的一部分，你会有什么改变?

处世必备准则六 感恩的心

感恩真的会改变你。

——丽萨·斯蒂芬森

以下是我撰写本书的最后几周中的个人感恩记录，纯属娱乐。

◇我要感谢我的床。离开期间我很想念你，虽然我们常常分离，但我总是想起你。

◇我要感谢大自然，你让我听到了海水与细沙在脚趾间流动的声音，让我看到了夜晚的雷雨和娇艳的牡丹。假如你可以让苍蝇消失，世界会更加美妙。我并不感谢苍蝇，虽然我明白它是食物链中必不可少的环节。

◇谢谢你，意大利肉酱面。我真的很感激你第二天永远变得更香，你从来没有让我失望。

◇感谢所有在海滩上牵手散步的老夫妇，这样的感觉太好了。

◇特别感谢意大利。你让我有家的感觉，你让我安稳入睡，让我享受慢时光。你做碳水化合物的厨艺很不错，你的建筑会对我诉说。我保证，我很快就会回来。

◇感谢所有为我指路的女性。

◇感谢所有让我对爱情依然乐观的男性；感谢所有支持我的男性，是你们让我变成理想中的人。

◇感谢那些在我跑向电梯时帮我挡门的人，这样做太好了，祝福你们。

◇致发明按摩的人：你真是一个传奇。今天我做了一次按摩，这是我能想象到的最纯粹的享受。

◇感谢本·斯蒂勒，你让我开怀大笑，我也就看了1489次《白日梦想家》。

◇音乐家！我无法想象失去那些令我感动的音乐会怎样。我很感激音乐的存在，它是连接全人类的纽带。

◇感谢阿尔伯特·爱因斯坦，我觉得你是个很棒的小伙子，希望我们能一起吃个晚饭。时间就定在下辈子，如何？

◇特别感谢牙刷和发明牙刷的人。我很确定，如果没有你们，接吻根本就不可能实现。接吻是一种很棒的体验。

感恩

懂得感谢的品质，乐于表达对他人的感激并准备回报的状态。

你对什么心怀感恩？对，就是你。在感恩被大肆渲染的今天，它不应该是昙花一现的流行风尚。感受并承认你的感恩之

心，使人受益良多。感恩是一种态度，让我们有机会说感谢，让我们认识到了是什么给我们的生活带来快乐与收获。让感恩成为习惯，从在这里列清单开始，看看你今天为什么而感恩。

我心怀感恩，因为_____

_____

_____

_____

_____

_____

_____

_____

_____

_____

_____

处世必备准则七　拍拍狗

　　我女儿梅布尔从小看到狗就会忍不住停下来拍一拍。最近我跟她说："你好像一看到狗狗就很开心呀。"她回答道："妈妈，人可真有趣，我喜欢听他们给我讲故事。""什么？"我没搞懂她的意思，有时她比我聪明得多。

　　她解释说，如果你对人家的狗狗很友好，他们就会对你微笑，时常告诉你一些对他们来说很重要的事。最近的例子是一位老奶奶，她问梅布尔多大了，还说自己很想念孙女。于是，她们聊了一会儿老奶奶的孙女——她住在哪里，为什么住那里；梅布尔还问了问祖孙俩什么时候能再见面。祝福她们。

　　我们需要找到与社区人群建立友好关系的途径，让自己拥有群体归属感，这一点很重要。有归属感时，我们的身体会产生一种化学反应，令我们感到温暖，不再孤独。拥有与他人交流的能力，是生活最美好的馈赠。停一停，拍拍狗。

　　你有"拍拍狗"的其他版本吗？想想增强归属感的其他方法，最好具体一点。

处世必备准则八　拥抱

　　世界上有两种人——拥抱者和不拥抱者。我是个特别典型的拥抱者，假如你不回抱我，我会很生气。拥抱是爱的语言，是我的个人名片，我喜欢拥抱。

　　我拥抱我爱的人和初次谋面的人。我知道，在当下的工作环境中，我们应该秉持谨慎、恭敬的处世之道；我知道，很多男性认为与女同事拥抱不太得体。

　　此刻，让我们看问题时简单点，来谈谈为什么拥抱是处世必备的准则之一。

　　拥抱能很好地表达感受。拥抱可以传递安慰，也可以表达见到某人时的喜悦。拥抱可以表示对不起、我爱你、见到你很高兴、你还好吗……拥抱可以让你释放脑下垂体后叶荷尔蒙，让你感觉良好，它是你生活中最自然的情绪调节剂。各类研究表明，拥抱能减轻压力，降低心率。

　　我也能理解不拥抱的人。如果你不拥抱，请用另一种方式为自己和他人创造同样的体验。在这个繁忙而疯狂的世界，像拥抱一样不用我们付出任何代价，而且对我们格外有益的事物太少见了。

不许在电脑、手机上拥抱！拥抱是最纯粹、最美好的沟通方式。

> 一个温暖的拥抱比
> 千言万语更有力量。
>
> ——安·胡德

处世必备准则九 "偷窃"

我们从不羞愧于窃取卓越的创意。

——史蒂夫·乔布斯

好了，不要做任何违法的事。"偷窃"只是一个博人眼球的词汇，它成功地引起了你的注意。

我想说，这个世界很奇妙，奇妙的人到处存在，你也许可以从他们身上"借用"一些东西。

有的人从别人身上获得灵感却未能付诸实践，时机就这样擦肩而过。他们开始忙碌后，就把闪现的灵光抛诸脑后了。为了不忘记这些难得的灵感，我每天都向他人学习。日复一日，我从身边的人和事中积累了大量的信息与思路。我做好记录、深入思考，并与他人分享收获。

模仿是恭维的一种形式。杰出人物取得的创造性成就，为他人的成长提供了基础，这些成就在不同的生活中被转化、被赋予新的意义。

诚然，我们应该承认他人的功绩并为之庆贺，但同时也应将共鸣之处纳入你的计划，记录在本书的空白之处。观察国际上的领导者，注意他们使用的语言。回忆一下你尊重的人与你之间的谈话，识别他们获得你尊重的策略。翻开你阅读过的所有精彩的书籍，找到那些能够改变你生活方式的信息。

在你开启新篇章之前，过滤你人生的记忆，回顾那些让你心跳加速的人和事。你可以从中摄取什么，并将其内化？

提示：想办法捕捉你灵光乍现的瞬间，写一篇日记，做一幅拼贴画，甚至写一本书！

处世必备准则十　逃避

　　有时候，你需要无视所有人或事，逃避一段时间，可以是片刻、几个小时，甚至几天。我认为，偶尔隔绝一切的需求，绝对是人性的弱点之一。

　　我指的可不是找时间冥想或去海滩散步，因为这些活动要求具有相应的目标与计划。这里所谓的"逃避"是暂时性的，是完全无计划、无责任的，它让你彻底满足当下的渴望。

　　短暂逃避现实的途径有很多种，可以去旅行，也可以去看一部好电影。有的人通过睡觉逃避，有的人听听音乐。父母们读到这里已经笑了，"自己的时间"是不存在的！

　　培训师的经验告诉我，我们可以按分钟来安排生活。从约会之夜到健身锻炼，我们的计划十分周全。可是，你的计划之中，应该包括一段没有计划的时间。我对客户的建议也是如此，有时他们会觉得过于奢侈。但我想问，假如你的头脑和心灵缺乏休息，可能会出现什么样的后果？

自由希求症

对自由强烈而不可抗拒的渴望。

✎活动

现在请思考片刻，你的处世必备准则是什么？这些准则对你的幸福至关重要，写下来，并考虑如何将这些准则纳入你的每一天、每一周、每一年。

第五部分

你故事的新篇章

你已经经历了自我审察的挑战，并在阅读本书后深入地进行了反思，开始为内心的理想做出规划。现在，付诸行动的时候到了。

以下是我的意见，供你参考。当你计划把笔记变成你的故事时，故事的篇幅应该控制在六页以内，朗读与聆听的时间应该不超过十分钟。这将为你提供一个框架，迫使你真正思考人生旅程中什么对你最重要。如果你只有十分钟向别人介绍自己，你最想让他们知道什么？

从整体入手，思考你的工作与生活。你需要在"我是……"格式的基础上，增加一点创意。譬如第一句话可以这么说："我来自一个叫金皮的小镇，是某人的长女。"坦诚而乐观地谈论自己——对自己友善，为自己目前取得的成就感到骄傲。

后面的内容包括各类反思性的提示。你最终的自我陈述不可能是一连串"我是……"的句子。

我们即刻开始。

改变一 你，真的好吗？

你每天会被问候多少次"你好吗"？我敢肯定你记不清。我们都知道，回答这个问题只需要简单的"很好，谢谢"，因为当你给出其他答案——譬如诚实地回答你今天过得很糟糕时，对方会感到非常尴尬。

那么，现在我想问你："你好吗？你真的好吗？"

此刻，你对生活方方面面的感受想必比以前更加深刻了。多年的工作经验表明，要想创造情感健康的生活，以下活动中的选项至关重要。

也许你的事业蒸蒸日上，代价却是牺牲一段重要的关系；也许你的经济实力雄厚，却要因此付出健康受损的代价。让生活的各个方面平衡和谐，的确是个挑战。当你权衡需要在哪些方面做出妥协、加倍努力或果断放弃的时候，下面的活动将有助于你思考。

✏️活动

　　为了创造渴望的生活，而非按照惯性生活，你需要在哪些方面投入更多的时间或精力？请勾选两三项。

☐ 人际关系　　　☐ 事业

☐ 家庭　　　　　☐ 兴趣

☐ 健康　　　　　☐ 资产

☐ 学业　　　　　☐ 冒险

　　思考下列问题能够帮助你完成该活动。

· 我的优先级序列是否正确？

· 我的生活是否符合我的价值观？（参考你之前的笔记）

· 我是否把时间和精力投入到了最利于我成功的方面？

· 当反思我生活的七个主要方面时，我有什么感受？

· 什么方法对我改变现状最有效？

· 对于我所做的选择以及分配时间的方法，其他人的看法是什么？

· 在我的生活中，是否有些方面一直为我所忽视，而现在需要纳入我的计划？

改变二 你的优势是什么?

本节旨在寻找能令你获得成功的优势。当然,你还需要思考你渴望拥有的能力,以及获得成功所必备的能力。之前的内容提到,你的独特之处是你最大的财富。如果你能确定是什么让你与众不同,什么是你的标志性优势,你便可以开始与他人分享你的故事。

"成功"应该被看作整体意义上的成功,也就是说,它不仅仅关乎你的工作,它关乎你的整个生活。你在情感、智力和体力方面各有哪些优势?

✏️活动

在工作和生活中,你认为有助于成功的五大品质是什么?在下面的列表中,选择特别能引起你共鸣的选项,也可将其纳入你的"我是……"式陈述中。

☐ 具有适应及管理突发事件的能力

☐ 宽容

☐ 慷慨地付出时间、提供知识、给予善意

☐ 始终坦诚、真实

☐ 是一位可靠的顾问

☐ 高智商

☐ 具有很强的沟通能力

☐ 能将逻辑与想象力完美结合

☐ 能使团队条理清晰、和谐共处

☐ 具有合作或创新能力

☐ 积极、乐观、勇敢、坚毅、大胆，并具备领导能力

☐ 品格高尚

☐ 具有摒弃偏见重新学习的能力

☐ 身心健康

☐ 总能给别人带来欢乐

☐ 能使生活变得轻松，无须知道所有答案

☐ 具有无限的好奇心

☐ 能够设定高标准并自我负责

☐ 善于缔结关系（在工作和生活中）、承担风险、促进合作

☐ 善于决策，敢于放权

五年后，你会获得怎样的成功？如今的哪些优势能帮助你过上更好的生活、做更好的自己？你还需要具备哪些能力？

  清单中的内容是我在成功人士身上观察到的所有优点。当然，你可以补充任何你具有的、能够帮助你成功的品质。该清单只用于引起你的思考——你的优势是独一无二的。

改变三　获取你的动力

　　在转变的过程中，获得动力是至关重要的。即使是最优秀的人也会偶尔感到动力不足。理想的情形是，你能在工作中找到状态，将你的责任铭记于心。为了帮助你保持专注，我制定了一些应对的策略。

　　更加充分地认知自我。寻找机会观察自己，从观察中总结，加深自我认知。分析自己对新体验的反应，寻求反馈，并培养这一习惯。

　　评估目前的工作。对于生活的感受很大程度上由我们的事业决定。你目前的工作是否满足你的职业需求？你的才能是否能够得以发挥，价值观是否能够得以实现？

　　提前计划。或许你并不满足于现状和目前的收获。那么，为了使你未来的生活更加充实，你是否需要对其进行重新规划？你是否为获取成功做好了必要的准备？你需要额外的教育或培训吗？你愿意对你的岗位进行横向调整或区域变动吗？

　　加强沟通。谁需要了解你为自己制定的计划？这个世界上充满了博学多才、聪明睿智的人，借助他们的才智，让他们了解你的情况。你的身边有人可以分享你的计划，为你出谋划策吗？你的家庭成员可以与你共同探讨你的目标，为你安排更合理的人生规划吗？

积极管理自己的生活。你是自己生活的首席执行官，没人能够代替你。假如你不主动定期检查自己，那么有一天醒来，你会突然发现自己已经老了五岁。

现在，你知道自己该怎么做了吗？

改变四　不要做的事！

我们很容易考虑欠周或思虑过度，我们擅长迅速做出简单的选择。我们对别人的批评很敏感，容易自我破坏，喜欢拖延。这是我们的天性，所以，不要自责，而是要对抗这些"正常"的行为。

以下清单包括频繁出现的绊脚石及如何避免它们的建议。身为培训师，我倾向于使用积极的语言，但在这里，我需要用否定式语言来引起你的注意。

◇请勿期待每个人都为你全新的态度、信念与行为感到高兴。其实许多人喜欢你原本的样子，你的改变令他们不安。做好心理准备，随着你的改变，你将失去一些人。

◇请勿专注于你的失败，或令自己反感、尚待修正的地方。如果你打算缩小和填补所有的差距与缺陷，那么你会发现总有缺点需要改善。在你热爱的事物上投入精力，它会成为你的专长。

◇请勿等待。时机可能永远不会到来，金钱不会突然出现在你的银行账户里，周一只是一周之中平凡的一天。明天到来后，你不会突然拥有足够的信息、学识与动力。要想精彩，自己先要出彩，要能够为人所不为。现在就开始行动！

◇ 请勿期待一切都会变，唯独你不变。别对自己耍小聪明，世上没有捷径可走。真正的改变需要你付出持之以恒的努力，一步一个脚印地改变自己。一旦你成了理想中的自己，你会发现，世界早已为你而改变。

◇ 请勿不切实际，或在开始之前就预设失败。伤心、糟心的日子在所难免，偶尔人们也会遭受失败。本书的写作目的不是让你时刻保持积极（这无法实现），而是希望你有意识地选择，培养自我修复的韧性，锲而不舍地追求。希望你始终坚持自我监督，允许自己拥有人性的弱点，并对自己友善一点。

◇ 请勿困于过去的经历与状态，不要让你的过去在未来重演。

◇ 请勿迷失自我。本书只希望你选择并适应新的行为——成功者的行为，而不想抹除你的特质。在这个星球上，没有人与你拥有同样的故事，你的魅力在于你的独一无二。

承认你的过去，了解你的价值，听从你的直觉，真实坦诚地对待自己的内心，为自己创造一个美好的未来。

改变五　谱写你的新篇章

生命的价值，不在于发现自我，而在于创造自我。

——乔治·萧伯纳

　　以下活动将使你更广泛、深入地思考你是谁，迄今为止你的人生旅程怎么样，未来你要到哪里去。你可以从以下陈述中任选一部分或几部分来阐述你的故事，也可以添加其他你认为相关的内容。

✏️活动

　　完成以下句子。

　　我曾受_____

_____

_____

_____影响。（生活方面，例如家庭、社会、文化、经济、经验）

如今我受＿＿＿＿＿＿＿＿＿＿＿＿＿＿＿＿＿＿

＿＿＿＿＿＿＿＿＿＿＿＿＿＿＿＿＿＿＿＿＿＿＿

＿＿＿＿＿＿＿＿＿＿＿＿＿＿＿＿＿＿＿＿＿＿＿

＿＿＿＿＿＿＿＿＿＿＿＿＿＿＿＿＿＿＿＿＿＿＿

影响。（生活方面，例如家庭、社会、文化、经济、经验）

在我的生活中，我是＿＿＿＿＿＿＿＿＿＿＿＿＿＿

＿＿＿＿＿＿＿＿＿＿＿＿＿＿＿＿＿＿＿＿＿＿＿

＿＿＿＿＿＿＿＿＿＿＿＿＿＿＿＿＿＿＿＿＿＿＿

＿＿＿＿＿＿＿＿＿＿＿＿＿＿＿＿＿＿＿＿＿＿。

（扮演的角色，享有的声誉，闻名于……，热衷于……）

当＿＿＿＿＿＿＿＿＿＿＿＿＿＿＿＿＿＿＿＿＿＿

＿＿＿＿＿＿＿＿＿＿时，我意识到＿＿＿＿＿＿＿＿

＿＿＿＿＿＿＿＿＿＿＿＿＿＿＿＿＿＿＿＿＿＿＿

＿＿＿＿＿＿＿＿＿＿＿＿＿＿＿。（生命中最重要的时刻）

在工作中，我＿＿＿＿＿＿＿＿＿＿＿＿＿＿＿＿＿

＿＿＿＿＿＿＿＿＿＿＿＿＿＿＿＿＿＿＿＿＿＿＿

＿＿＿＿＿＿＿＿＿＿＿＿＿＿＿＿＿＿＿＿＿＿＿

＿＿＿＿＿＿＿＿＿＿＿＿＿＿＿＿＿＿＿＿＿＿＿

＿＿＿＿＿＿＿＿＿＿＿＿＿＿。（在团队中的作用）

我坚信＿＿＿＿＿＿＿＿＿＿＿＿＿＿＿＿＿＿＿＿

＿＿＿＿＿＿＿＿＿＿＿＿＿＿＿＿＿＿＿＿＿＿＿＿

＿＿＿＿＿＿＿＿＿＿＿＿＿＿＿＿＿＿＿＿＿＿＿＿

＿＿＿＿＿＿＿＿＿＿＿＿＿＿＿＿＿＿＿＿＿＿＿＿

＿＿＿＿＿＿＿＿＿＿＿＿＿＿＿＿＿＿＿＿＿＿＿＿

＿＿＿＿＿＿＿＿＿＿＿＿＿＿＿＿＿＿＿＿＿＿＿。

（价值观、人、目标）

我应该放下＿＿＿＿＿＿＿＿＿＿＿＿＿＿＿＿＿＿

＿＿＿＿＿＿＿＿＿＿＿＿＿＿＿＿＿＿＿＿＿＿＿＿

＿＿＿＿＿＿＿＿＿＿＿＿＿＿＿＿＿＿＿＿＿＿＿＿

＿＿＿＿＿＿＿＿＿＿＿＿＿＿＿＿＿＿＿＿＿＿＿＿

＿＿＿＿＿＿＿＿＿＿＿＿＿。（阻挡我向前的经历）

我应该感谢＿＿＿＿＿＿＿＿＿＿＿＿＿＿＿＿＿＿

＿＿＿＿＿＿＿＿＿＿＿＿＿＿＿＿＿＿＿＿＿＿＿＿

＿＿＿＿＿＿＿＿＿＿＿＿＿＿＿＿＿＿＿＿＿＿＿＿

＿＿＿＿＿＿＿＿＿＿＿＿＿。（经验教训、礼物、时刻）

现在，我要＿＿＿＿＿＿＿＿＿＿＿＿＿＿＿＿＿＿

＿＿＿＿＿＿＿＿＿＿＿＿＿＿＿＿＿＿＿＿＿＿＿＿

＿＿＿＿＿＿＿＿＿＿＿＿＿＿＿＿＿＿＿＿＿＿＿＿

＿＿＿＿＿＿＿＿＿＿＿＿＿＿＿＿＿＿＿＿＿＿＿＿

_____。（目前重要的事）

我的优点是_____

_____

_____

_____

_____

_____○

我的缺点是_____

_____

_____

_____

_____

_____○

我最骄傲的事是_____

_____

_____

_____

_____

_____○

当_____

_____

_____

_____时，我会非常生气；当_____

_____

_____时，我会非常伤心。

我的理想是_____

_____

_____

_____

_____。

我的爱好是_____

_____

_____

_____

_____。

随着时间的推移，我懂得了_____

_____

_____

_____

_____

_____。

现在，我致力于_____

_____

_____

_____

_____

_____。

我的朋友认为我是一个_____

_____

_____

_____

_____

_____的人。

我的同事认为我是一个_____

_____

_____

_____

_____的人。

我认为我是一个_____

_____

_____

_____

_____

_____

_____的人。

　　我相信，未来一定会_____

_____

_____

_____

_____

_____。

　　在尽可能诚实、详尽地回答了所有的问题之后，你向存在主义的终极问题方向迈进了一大步。这个问题就是：我是谁？

　　这确实是目前最重要的问题。一旦拥有回答这个问题的知识储备，你就可以翻开你故事的新篇章了。

　　本质上，你会发现自己存在以下几个层次。

　　◇隐秘的你：你的恐惧、梦想、秘密、不安全感、隐藏与未发挥的潜力。

　　◇内在的你：你的价值观、信念、思维、个性、习惯、经历与知识。

　　◇公开的你：别人对你的看法、认知、期望与感受。

　　◇外在的你：你的外表、表现、沟通、行为、决定、回应、反应、影响他人的方式，你的声音、信念、心灵、思想、愿景、力量与故事。

　　只有你能够随时知道自己的感受与想法。你是那么独特，身体里藏着一位等待释放潜能的摇滚明星。找到你自己，做你自己！

　　企业界人士热衷于探讨"独特定位陈述"（你可以把它理解为你的"30秒电梯游说"）。专业人士会不断完善、练习这一陈述，从而有技巧地描述他们过去的成绩、现在的目标、所能做出的贡献。他们做得简洁而有效。

　　如果只有45秒，你会如何介绍你自己？如果面试官要求你谈谈自己，你会怎么说？

　　了解你自己，知道如何向别人介绍真实的自己，迈出这漂亮的一步（不是说要你穿上最好的鞋子）。

　　同你爱的人、对你说实话的人在镜子前练习这一陈述。无论你是大学生，还是刚刚起步的企业家，抑或已经为人父母，当你知道自己是谁、能为别人提供什么的时候，你已经注意到了更深层次的问题。在此基础上，你会开始思考你能为你的职业、人际关系、理想，甚至这个世界带来哪些与众不同的东西。

　　欣赏自己，专注于你的优势。相信通过你的行动，能够在当下的你和未来的你之间建起牢固的桥梁。

　　学习、爱、收获……生活之舟难免颠簸，请让心灵时刻吟唱，让生命值得来过。

✍ **活动**

在这里写下你的"我是……"式自我陈述。

我是＿＿＿＿＿＿＿＿＿＿＿＿＿＿＿＿＿＿＿＿＿＿＿＿＿

＿＿＿＿＿＿＿＿＿＿＿＿＿＿＿＿＿＿＿＿＿＿＿＿＿＿＿＿＿

＿＿＿＿＿＿＿＿＿＿＿＿＿＿＿＿＿＿＿＿＿＿＿＿＿＿＿＿＿

＿＿＿＿＿＿＿＿＿＿＿＿＿＿＿＿＿＿＿＿＿＿＿＿＿＿＿＿＿

＿＿＿＿＿＿＿＿＿＿＿＿＿＿＿＿＿＿＿＿＿＿＿＿＿＿＿＿＿

＿＿＿＿＿＿＿＿＿＿＿＿＿＿＿＿＿＿＿＿＿＿＿＿＿＿＿＿。

改变六　照顾好自己

我不能教给你任何东西，我只能让你停下来思考。

——苏格拉底

我们共同的旅程临近尾声，希望你照顾好自己。如果不对你说这句话，我就没办法停笔。

我们都知道，飞机起飞前的安全须知里有这样一句话："先戴上你自己的氧气面罩"。有的时候，你需要耐心地呵护自己。严苛的自我批评者善于识别自己有待改进及失手之处。事实上，这类思考不仅占据大脑空间，而且毫无意义。

以下是我的一些建议，希望你能将精力放在对前行有益的事物上。

1.如果感觉哪里别扭，可能确实出了问题。

2.放下你无法掌控的事。

3.远离能量吸血鬼。

4.相信自己，直觉很少让你失望。

5.经常笑，也常让别人笑。

6.小心你为自己编造的故事。

7.不要放弃鱼和熊掌兼得的可能性。

8.喝汤，这样对身体好。

9.睡觉，多睡一会儿。

10.有时看看无聊的电视。

11.知道自己被人所爱。

12.总有人希望拥有你的生活

13.在糟糕的日子里，做你能做的事就好。

14.生活可能会比你计划的更好。

15.不要拿自己和别人比较。

16.你的故事里，每一刻都有意义。

17.你会没事的，其实，你会越来越好。

18.让身体动起来。

19.一切都会过去，任何事都是如此。

20.我们都有自己的过去，你已经尽了最大的努力。

✏️活动

　　请在美好的日子里记些日记，这样在糟糕的日子里你就可以翻开看一看了。你在最美好的日子里有什么样的感受？记下描述性的词汇，比如灵感、安全、精力充沛、目标明确、被爱、成功、轻松、快乐、被珍惜、兴奋、挑战、被呵护……

后　记

　　感谢你阅读这本小册子；感谢你信任我，并投入时间。我热爱学习与分享，对我来说，写这本书水到渠成。在这里为读者整理我的所学与思路，这个过程十分有趣、充满挑战，也大有裨益。

　　我希望，这本书在许多年后仍然能助你一臂之力。请妥善保管它，珍惜你今天付出的努力。未来，还有许多篇章等待你去撰写、规划、实现。当你回首往事、反思生活的时候，这本书中的问题依然具有现实意义。等到适当的时机，请回过头再来读一读。

　　祝你成功！时机会决定一切，火候一到，你便拥有了属于自己的东西。当你意识到自己走了多远，请对过去的经历心存感激。

　　愿你在合适的时间遇到这本书。你的生命会呈现非凡的意义，我深信，无论你对成功如何定义，你都会为之付出必要的努力。我希望你会为未来的自己而骄傲，你曾为之拼搏，最终成就了自己。

遗憾的是，有一些人读了这本书却没有付诸行动。请记得，这本书会在你的人生之路上等待着你。

如果你正在有意识地创造你的新篇章，我由衷地为你感到欣慰。愿你的未来满足你的一切期盼。我相信，生命到处点缀着神奇的魔力，我们每个人的小宇宙里都藏着一位随时待命的勇士。我希望所有人都可以活出超出预期的精彩！

让我与你分享最后一段引言，它对我来说意义深远，是我生活的折射。

她有吉卜赛人的灵魂与斗士的精神，
一颗心炽热狂野，她从不为此感到抱歉。
不再随波逐流，
只想去探索那片奇妙的遥远荒原。

——米歇尔·罗斯·吉尔曼

珍重。

向你、你的家人与朋友致以我满满的爱。

再见。

致 谢

感谢我生命中的这些人。

感谢我的孩子们：詹姆斯、威廉、梅布尔。我曾经怀疑我们能否做到，事实证明，我们是斯蒂芬森部落一家人。我们紧密团结、相亲相爱，能成为你们的妈妈，我感到非常自豪。我知道，我们错过了某些东西；我知道，有的时候你们的晚餐只能吃麦片粥，但是我承诺要给你们良好的教育、健康的牙齿，还有一个充满爱的家。我希望我已经做到了。感谢你们鼓励我写这本书，感谢你们总是告诉我一切都很好。梅布尔，我希望我成熟以后能像你一样。威廉，我真的很疼爱你。詹姆斯，你非常优秀，我迫不及待地想看你闯出一番天地。

如果没有我的父母，我不可能完成这一切。他们给了我无私的爱，对我无限付出。妈妈，当我觉得天塌下来的时候，您放下一切来帮我抚养三个孩子；从我们那天在厨房料理台的讨论开始，您始终参与公司运营的每一项工作。您是名副其实的"超级外婆"！爸爸，假如世界上每个女孩都能拥有您这样的好爸爸，世界会多么美好。感谢您让我的孩子们知道一个好男人应有的担当。马克，我能拥有你这样的弟弟，是多么幸运啊。还有弟妹米歇尔，能拥有你真是我的福气。

安娜·梅里莱、凯西·罗德威尔、克里斯·休斯、凯瑟琳·莫伊尼汉、莎莉·马林斯，感谢你们打造了"我是……"项目团队。你们与我一同白手起家，你们的付出总是超出本职工作。我为你们在每一次活动、每一场指导课上的演讲感到骄傲，生活因你们的工作而改变。还有蕾切尔·哈默，感谢你成为"我的人"。你是我们每项工作的核心成员，你对我知无不言，我对你的信任无以言表。感谢所有出色的培训师、引导师、承办人，你们曾与我共享一段旅程，为实现目标做出了贡献。

克雷格·哈珀先生，我们相识八年有余，你是上天赐予我最好的礼物之一。你毫无保留、慷慨大度、睿智非凡。因为你，我学会了无视别人的咒骂，珍惜身边的欢笑。感谢你给予我的支持、指导与信任。读者可以访问www.craigharper.net，它会对你有所帮助。

阿尼卡·曼纳斯，你聪明能干、直觉敏锐，善于创新并富有创业精神，是我能够拥有的最好的朋友（并且你永远有酒），你是我的灵感之源。请登录www.anekamanners.com.au，看看未来能够征服世界的设计吧。

在我仍对自己的能力持怀疑态度时，大卫·霍纳利放心地把他的团队交给了我。他至今仍是我的导师，更重要的是，他也成了我生活中的好伙伴。

夏尔曼·沃，你的发票编号是000000001号。你是第一位与我成交并告诉我别人也将如此的客户。

杰基·格罗斯，你见证了一切，包括我的第一件内衣和第一支迪斯科舞曲。你是我童年时的朋友，谁能想到我们会一直陪伴彼此。我爱你。

辛迪·巴彻尔，衷心感谢你成为我的支持者、朋友和领导者。梅根·柯林斯，你从客户变成了我的挚友，教我明白成为出色的人的重大意义。谢谢梅兰妮·希尔顿，你总把最重要的事情托付给我。娜塔莉·托马斯，你让工作释放出最大的乐趣。乔恩·艾迪，谢谢你始终支持我的笑话并指望我也支持你的笑话。安德鲁·奥布莱恩，你从不完成任务，而是用心做好工作。

谢谢我的朋友金·安德森，你是发型和妆容的魔法仙子。尼希米·理查德森，逢人就说我很棒。谢谢阿拉斯泰尔·麦克吉本和蒂姆·丁宁，将你们的拍摄才华用在满世界跑的丽萨身上。我的贵人凯特·科利，你第一个打电话成为我的合伙人，从此我们的公司开始发展壮大。感谢玛丽亚和韦博咖啡馆的工作人员，允许我在角落里那张安静的桌子上连续工作好几个小时。谢谢诺基亚的员工琳恩·赫加蒂、戴布斯塔·福斯、科林、莱斯利·摩尔，你们总带给我欢乐，是我的挚友。凯伦·特尔弗，每个女孩都需要有你这样的朋友。卡罗尔·坎贝尔，我爱你的一切。

谢谢我的大学同学克里斯汀·普里查德、蒂姆·雷丹、内森·兰格、布兰登、海伦·麦肯齐，你们带来了音乐节与不合时宜的游戏，让我觉得自己还是17岁；还有莎拉·雷丹，你嫁给了蒂姆，我们因此更爱你。

感谢芭拉芭拉·尼克尔森，你从很久以前就不断告诉我，我可以做到。谢谢我的朋友苏，让我看到了那块单亲妈妈的石头。汤米·杰克特，你是一位天才电影制作人，与你一同工作很有趣。感谢我的前夫，那段婚姻塑造了我，挑战了我的韧性，给我带来三个美好的孩子，我无法想象没有他们的生活。向为本书撰写推荐评论的所有人致以最诚挚的爱与尊重。

感谢我的出版人莱斯利，你一直支持我，并向我保证这本书会成为畅销书。面对一位想成为作家而没有出版经验的作者，在其他人说不的时候，是你给了她机会。内容培训师乔·约翰逊，你教我写书的技巧，让我不要惶恐；你会随时付出耐心、提供建议。

我的家族非常庞大，这里不再一一列举。谢谢我的阿姨、叔叔、表兄妹、安和我93岁的爷爷，我爱你们所有人。

我的生活中有许多美好的人，数目之多，难以罗列。签署保密协议是我工作的正常事项，但你们都知道自己是谁，以及自己的信任对我来说意味着什么。

这项工作带给我的收获难以想象，我有机会听到你们从不吐露的心声，也有幸成为你们借鉴的对象。感谢你们放下自尊，向我袒露你们原本独自舔舐的脆弱。在你们实现巨大的飞跃时，我默默欢呼；当你们认为自己再也做不到时，我抱有信念。我喜欢听你们的故事。能成为你们梦想的推动者，我觉得很棒。我们同悲共喜，我从你们身上受益良多。感谢每一位发表"我是……"式陈述的人，这本书最终能够问世，缘于我们共同经历的这段旅程。你们的勇气永远与我同在，祝贺你们都成了独一无二的自己。

本书到此结束，

你的新篇章从此开始……